装点爱家的四季手工布花制作

〔日〕矢岛佳津美 著

罗蓓 译

河南科学技术出版社

· 郑州 ·

前言

在日本，过去女性会用制作和服剩下的布头做成花、玩偶等贴近生活的手工艺品，然后用绳子穿起来，在节庆日子里装饰房间。近年来，越来越多的人不再局限于传统，一年四季都用各种手工布花来装饰房间，享受因它带来的快乐。

"绉绸细工"原本是用绉绸做些袋子类的东西，而本书介绍的却是用绉绸做成不同季节的花，既可以用单朵花来装饰，也可以做很多朵，把它们穿在一起作为吊饰。另外，为了让不擅长缝纫的人也能享受到缝制的快乐，我在介绍制作方法时附有纸型，让制作更加简单。

因为和服离生活越来越远，之前使用的和服布料很难入手了。用来制作装饰品的布料，使用绢制的绉绸、锦纱（用细线织成的绉绸的一种），完成的效果也非常好，因为它柔软度适中、伸展性好。建议使用昭和（1926—1989年）中期的绉绸材料。

用沉睡在柜子角落里的小小布片，为生活添彩，以此来享受手作带来的快乐，您愿意吗？

矢岛佳津美

目 录

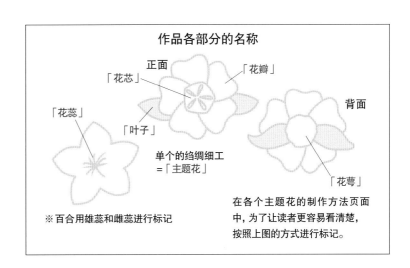

作品各部分的名称

正面

「花芯」　　　　「花瓣」

「花蕊」

「叶子」

背面

单个的绉绸细工
＝「主题花」

「花萼」

※百合用雄蕊和雌蕊进行标记

在各个主题花的制作方法页面中，为了让读者更容易看清楚，按照上图的方式进行标记。

制作方法 p.65

樱花

春天，日本会有赏樱花、发布『樱花开放』信息等活动，樱花是代表春天的风物诗。在古代它会出现在和歌、俳句里，而现在更多地出现在乐曲、文学作品中。在日元的一百元硬币、吊牌等日常物品中也可以看到它的图案，可以说樱花在日本人的生活中是非常常见、非常特别的存在。

樱花和万字结吊饰

该饰物把樱花与万字结的吊饰组合到一起，很早之前，它作为生命的象征，在祭神等活动中被视为珍宝。在配色上使用了淡粉色和淡蓝色，完美地展现了梦幻般的樱花。

制作方法 p.98

四照花

在东京市长给美国首都华盛顿赠送染井吉野（樱花的一个品种）后，四照花作为答谢礼来到了日本。在樱花花期结束时，它就会开放，4月至5月是其观赏期。树高可达10m以上，相比之下叶子和花有些小，据说树龄与樱花相同，是80年左右。

制作方法 p.76

四照花吊饰

在形似衣架的木制吊棒上悬挂了3串四照花。像摆放活动雕塑一样，调整花的数量及位置，使其看起来更协调即可。

制作方法 p.99

紫藤和金钱结的环形吊饰

该吊饰是金钱结与紫藤的组合，金钱结使用了5种颜色的线编织。金钱结又被称作"一次结"，在婚礼等仪式上作为"仅此一次的祝福"而使用，是寓意非常好的打结方法。它和藤、绑花一起营造出柔和的氛围。

制作方法 p.100

※该作品是参照职业手工花大师大木素十先生的"山藤"而制作完成的

紫藤

制作方法 p.72

紫色系的小花从枝头垂下来，姿态非常优美，而且，因为它香气宜人，古时被认为是象征女性的花。在庭院或者公园等地方，看到开春前『开满花架的藤花』，令人震撼。因为藤蔓坚韧，长长地伸展出去，所以也有缠绵悠长的爱和长寿之意。

11

牡丹

牡丹的花朵华丽而丰硕，毫无凋零之态，花瓣层层重叠、饱满美丽，常被人看作是寓意美好的花。特别是在中国，牡丹被称为『百花之王』。它是能给家庭带来幸福、繁荣的富贵之花，从古至今为世人所喜爱。

制作方法 p.77

牡丹花吊饰

把三种颜色的花用长长的绳子组合在一起，存在感十足。大朵的牡丹，营造出优雅的氛围，让我们好好地享受它吧。

制作方法 p.101

绣球花

制作方法 p.78

5月左右开始开花，在梅雨时节迎来赏花期。绣球花的英文名是『hydrangea』，在拉丁语中是『盛水器』的意思，它具有喜水的特性。现在品种、形状、颜色都非常丰富。花语有『团聚、希望、浪漫』等。

绣球花吊饰

绑花由正方形的布制作而成,吊绳末端装饰上水滴形装饰物。把它装饰在狭小的空间里,立刻生出可爱的氛围。

制作方法 p.102

百合

百合的花语是「纯洁」、「无瑕」等，所以它在新娘手捧花、婚礼花束中必不可少。另外，它还是象征美丽女性的花，在形容女子不同姿态之美的谚语中写道：「立如芍药，坐若牡丹，行似百合。」

制作方法 p.80

百合花环

是把7朵百合连在一起做成的饰物。可以作为花环，装饰在面积大的墙壁上；也可以把两端的绳子连成环形，装饰在门上。

制作方法 p.103

因为它藤蔓坚韧，所以被称为『铁线』。种类繁多，全世界都有它的爱好者，所以非常有名，特别是在英国，被认为是『藤蔓类植物的女王』，有很高的人气。花期是4月到10月，因为种类多，所以一整年都能欣赏到不同品种的花。

铁线莲饰物

在铁制的饰架上随意地搭配了铁线莲。可以装饰在墙壁上，还可以按照自己的喜好随意摆放。

制作方法 p.104

制作方法 p.81

制作方法 p.69

牵牛花

早上开花，下午凋谢，是夏天开放的花，它是传统园艺植物，在江户时代（1603—1867年）掀起了一阵浪潮，现在喜欢它的人也很多。因其枝蔓缠绕着生长的特性，所以它的花语是『爱情的永固』『名誉』。

牵牛花饰物

该饰物是在梯子状的饰架上，缠绕上牵牛花的藤蔓。挂在玄关或者壁龛之间，仅仅是不经意地摆放，也会成为风雅的夏天装饰物。

制作方法 p.105

扶桑花

也许是因为它给人热带植物的感觉，所以容易被误以为是夏天开的花，其实它的花期是从春天到秋天，赏花期较长。虽然早上开、晚上凋谢的情况多有发生，但是它的特点是一朵接一朵地开，总会有新的花儿开放。它的颜色鲜艳，花语是：红色代表『勇敢』；黄色代表『辉煌』。

制作方法 p.83

扶桑花和木槿吊饰

这2种花制作方法相同,用1根绳子固定3朵花使其垂下来,共有5根。在中心位置挂上3朵花,使其错落有致。

制作方法 p.106

制作方法 p.82

木槿

在盛夏最热的时候开出鲜艳的花，即便如此它的耐寒性也非常强，所以在北海道也能看到它的身影。木槿形状小巧，颜色丰富，以白色、粉色、紫色为代表，花瓣有单层、多层等，这些都是它的魅力所在。

莲花

莲花是印度、越南的国花。在很多佛教的绘画中，都有佛坐在莲花上的姿态。莲花因为与宗教关联较深，所以被敬为『神圣的花』。另外，莲花在晚上闭合，早上再次开放，也被认为是『太阳』『创造』『再生』的象征。

莲花饰物

使用铁制的吊台，在装饰方法上采用吊放和摆放两种方法，令人耳目一新。悬在空中的莲花，营造出神秘的气氛。

制作方法 p.107

制作方法 p.84

芒草

芒草是代表秋天的禾本科多年生植物。长度从1m至2m不等，因大多数的花茎呈直立状，芒草随风摆动的场景非常壮观。据说在日本文化中，芒草能够驱魔，所以也是他们中秋祭明月时必不可少的装饰物，是秋日七草之一。

制作方法 p.87

桔梗

以桔梗为原型创作的图案被称为『桔梗纹』，作为家徽、衣服、描金画的图案，自古以来受到人们的喜爱。

桔梗是著名的秋日七草之一，广为人知，所以容易被误认为是秋天的花，其实它在盛夏也持续开放，给人清凉的感觉，是非常结实的花。花语是『永远的爱』『文雅』『诚实』等。

制作方法 p.88

大菊

菊花品种很多，有大的、小的，但是只有大菊被认为是菊花展的主角。正如其名，它的直径超过18cm，是观赏价值很高的花。其中也有花瓣细长、呈放射状伸展的『管状花』，它华丽、吸人眼球，有众多的喜爱者。

大菊和万字结饰物

用绳子打成的"万字结"，与大菊进行组合，营造出高贵的氛围。大菊的设计个性十足，可以从正面欣赏。

制作方法 p.108

制作方法 p.90

菊花

在日本，菊花给人的印象是供花，但是广为流传的一句话是『饰菊花，福自来』，在端午节、中秋节、儿童节等相关的节庆日活动中，它是不可缺少的、文雅的花。花语是『高贵』『高洁』。

制作方法 p.89

瞿麦

瞿麦是多年生草本植物，在日本，它被称为秋天七草之一，花期很长，体型小，花瓣边缘呈锯齿形，姿态可爱。日本人也称其为抚子花，据说是因为它可爱得让人忍不住想去抚摸。花语是『专情』，自古以来受到人们的喜爱。

制作方法 p.86

秋季花草篮

桔梗、芒草、瞿麦都是秋季七草成员,
再加上秋天开放的菊花,把它们和谐
地摆放在篮筐中。赏月时,用它作为
装饰,能够感受到风雅的氛围。

制作方法 p.109

山茶花

山茶花的品种很多，有红色、白色、混色等，颜色非常漂亮。山茶树常绿，即便在冬天也长得很茂盛，所以在寺院广泛种植。据说山茶树能够驱邪，所以自古以来深受人们的欢迎。从山茶树的种子中提炼的『茶树油』可以滋润头发、肌肤，古时候的女人们常用作美容用品。

制作方法 p.59

混色山茶花吊饰

该饰物是把红白相间、颜色鲜艳的山茶花和绳子简洁地组合到一起。制作时，建议增加混色山茶花的数量，或者混入单色的山茶花（p.43）。

制作方法 p.110

山茶花花球

花球的起源原本是端午节为了"去污""辟邪"，把它挂在帘子或者柱子上。现在不论什么季节都可以用它作装饰，尤其适合在冬天作装饰。如果有装饰架来悬挂，它就可以摆放在台子上。

制作方法 p.110

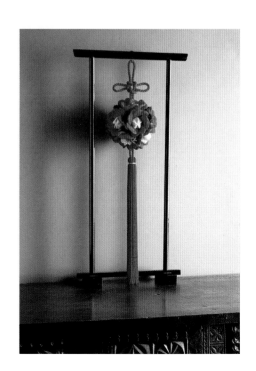

制作方法 p.59

一品红

花期在10到12月，别名叫圣诞花。在日本很多时候看到的是盆栽，而在原产国墨西哥，它被培育成有高度的树木。据说一品红的红色代表『永生』，白色代表『纯洁』，绿色代表『永远』，它作为寓意吉祥的植物为人们所喜爱。

制作方法 p.92

一品红花环

该花环非常有节日特色：红色＋绿色＋金色。原本有"除魔""祈求丰收"等意思，而现在是不可缺少的节日装饰物之一。

制作方法 p.112

南天竹

日文中南天竹的『南』发音与『难』相同，『天』的发音与『转』相同，有『把难转换为福』的意思，所以它作为『可以从不好的事情中逃离出来，迎接幸福』的吉祥树，自古就受到人们的喜爱。即便是现在，因为它的果实是红色的，且形态饱满，所以人们把它视为吉祥物，用于辟邪，可在正月装饰房间。也作为药材用于镇咳药中。

制作方法 p.94

南天竹系绳吊饰

为祈祷新的一年幸福安康，在系绳上安上吉祥物后，在日本就可以作为正月的装饰使用。南天竹寓意吉祥，它与金色和银色的纸绳搭配起来很协调，作为室内装饰物，有"和美"的寓意，所以作为馈赠佳品也深受人们的喜爱。

制作方法 p.113

制作方法 p.96

水仙

水仙是球根植物，2月左右开始开花。作为香气宜人的早春花草，很早以前就受到人们的青睐，也因被用来制作香水而有名。日本的水仙是从中国传入的。据说因『像仙人一样长寿』『清爽』等意思而得名。

水仙吊饰

在装饰架上挂了3根有水仙花的吊饰。叶子好似缎带般摇摆，营造出优雅的氛围。还可以在门把手上装饰1根，给人轻松的感觉。

制作方法 p.114

49

绉绸细工的基础知识

在这里介绍一下做绉绸细工时需要的材料、工具、
基本缝法、编结方法等。在制作花片前查阅一下基础知识,
从练习手缝开始吧。

基本工具和主要材料

此处介绍本书中提到的主要工具和材料。本书所指的绉绸质地为绢（丝绸），缝针为"绢缝专用针"，缝线使用的是绢或者涤纶材质的"手缝线"。也不一定非要用绉绸，手边如果有现成的布，也可以使用。

绉绸

绉绸是用平纹布织成的。拧着织，所以有褶皱，特点是伸缩性强。种类较多，有素色、花纹、底纹等。

晕染

素色

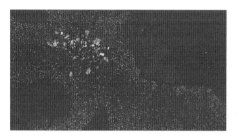

金箔绢绉绸

在绉绸中它最薄，褶皱细小而光滑。显色效果好，图案颜色丰富。

扎染

用线捆绑后进行染色，绢的质地有凹凸感。伸缩性非常强。

黏合衬

使用较薄、编织物专用的黏合衬。因绉绸比较柔软，所以用熨斗把黏合衬熨在其背面，用来增加硬度。

手缝线

（左）绢手缝线：9号线。把卷起来的线调整成50cm左右的直线，剪断后使用。

（右）涤纶手缝线：细而且结实，价格也便宜，是容易买到的线。

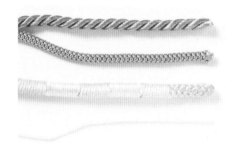

各种手工专用绳子（从上开始介绍）

股线：主要用于装饰。

江户编织绳（粗）和配绳：用来制作装饰绳，也可以缝上花朵悬挂起来，用途很广。

江户编织绳（细）：因为中间有空隙，在细编织绳里穿入铁丝，用来固定花蕊、花枝等。

用来装饰的材料（从右开始介绍）

木珠（直径0.6cm）：吊主题花时配上它，起固定作用。

金线：起装饰作用的金色粗金属线。

人造丝绳：用来穿主题花的编织绳。绳粗为0.1cm，材质为人造丝。

① **针插和珠针**

珠针用来防止布发生错位。珠针针头小的好用。

② **穿线器**

主要是因为绢专用的针和线较细，有它就非常方便。

③ **胶水**

使用的是手工专用的胶水或者木工专用的胶水。

④ **针**

（从左边开始）绢缝针、手缝针、缝被针、帆布针。

绢缝针

用来缝绢布的细针。

手缝针

制作花球时，与手缝线配套使用。

缝被针

是长针，主题花中如果塞入了填充棉，缝制时需要使用。

帆布针

针长而且针鼻儿较大。可以穿入0.1cm粗的人造丝线，连接主题花时使用。也可以代替玩偶针使用。

⑤ **剪线剪刀**

专门用来剪线的剪刀。平常使用的剪刀就可以。

⑥ **裁布剪刀 / 裁剪刀**

剪绢布的剪刀。绢布较薄，难剪，所以需要准备好用的剪刀。

⑦ **剪钳**

可以夹住布起到固定的作用，所以用它塞填充棉、把布翻到正面都非常方便。

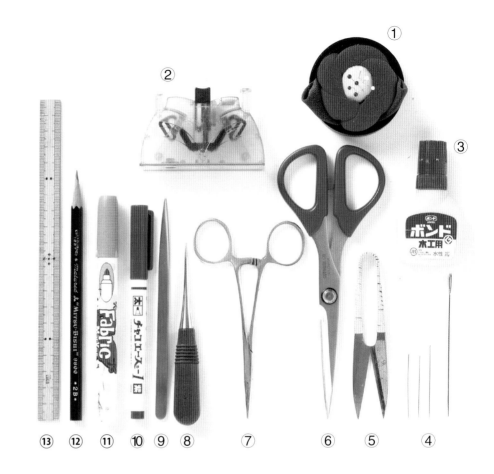

⑧ **锥子**

用它给布、绳子开孔，把布翻到正面。

⑨ **镊子**

前端没有刻线的"AA型"镊子。用于塞填充棉、把布翻到正面。

⑩ **手工笔**

用来画线，线迹过段时间就会自动消失的笔（因为绉绸浸入水中会缩水）。

⑪ **布用笔**

可以在布上着色的笔。建议使用耐水、耐光的笔。

⑫ **铅笔**

用于做记号，建议使用2B铅笔。

⑬ **尺子**

因为主题花较小，所以建议使用20cm以内的短尺。

※ 材料会因主题花不同而有所变化，详情请结合p.59、p.76的"材料"栏进行调整

制作绉绸细工的基本顺序和要点

在此介绍一下制作绉绸主题花时的顺序和要点。
绉绸很柔软，制作小的部件时，纸型的制作方法、牙口的剪法、裁布方法等，这些都是关系到完成效果好坏的关键点。

❶制作纸型

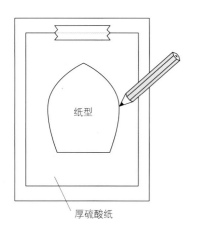

厚硫酸纸

用铅笔在纸上把实物大纸型（p.115）描下来，用剪刀剪开。建议使用厚度与明信片相当的硫酸纸，因为它是透明的，可以清晰地看到图案的位置。

❷给布贴上黏合衬

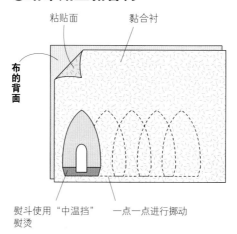

粘贴面　黏合衬

布的背面

熨斗使用"中温挡"熨烫　　一点一点进行挪动

为了加固绉绸，在它的背面贴上黏合衬。把类似漂白布的衬布放在上面，熨烫时不要滑动熨斗，要一点一点地挪动、按压着熨斗进行粘贴。

❸画纸型

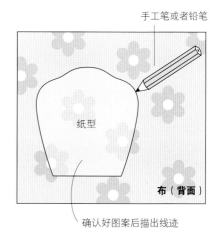

手工笔或者铅笔

纸型

布（背面）

确认好图案后描出线迹

确认好布纹后放上纸型，在布的背面画上完成线，在开口位置等地方标上记号。建议使用手工笔或者铅笔。

❹缝合布

背面

缝份0.3cm

开口0.5cm

需要看画线与图案是否吻合，缝法有2种，一种是把缝份画好后裁布，再缝合；还有一种方法是缝好后留出缝份，再把多余部分剪去（樱花的花瓣等）。

把布对折, 画纸型

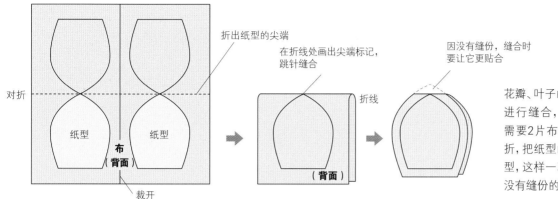

折出纸型的尖端

在折线处画出尖端标记,
跳针缝合

因没有缝份, 缝合时
要让它更贴合

对折

纸型

纸型

布
背面

裁开

折线

（背面）

花瓣、叶子的制作, 都是把2片布对齐后进行缝合, 所以缝制1片花瓣（叶子）需要2片布。为此, 把布的正面相对对折, 把纸型的尖端放在折线上再画出纸型, 这样一次就可以完成2片布的制作, 没有缝份的部分, 更容易完成。

给缝份剪牙口

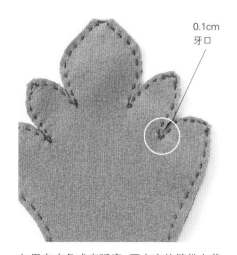

0.1cm
牙口

如果有内角或者弧度, 要在它的缝份上剪牙口, 翻到正面时就不会发生歪斜, 完成效果好。剪牙口时, 剪到离记号线0.1cm处。

在编织绳中穿入铁丝

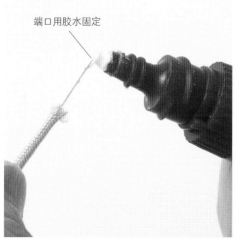

端口用胶水固定

编织绳的芯是空的, 可以在里面穿入铁丝。为防止编织绳两端的端口脱线, 也为了起到固定作用, 要在铁丝上涂上胶水, 然后把绳子端口固定住。可用于制作花蕊。

用小镊子把角推出来

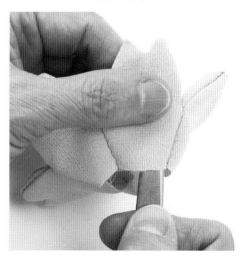

制作形状复杂、细小的东西, 需要把布翻到正面时, 使用小镊子、剪钳就可以把角推出来, 这样形状看起来就很漂亮。

主题花的缝合方法

缝合像绉绸一样有伸缩性、柔软的布时,基本上都用半回针缝。

缝合的时候,需要注意针脚不要一会儿过大,一会儿过小。

缝线一般使用1根与布的颜色相同的绢手缝线;需要把布结实地缝在一起时,用2根线。

平针缝(沿一条线缝)

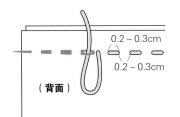

0.2～0.3cm

0.2～0.3cm

(背面)

半回针缝

在2针位置前方出针

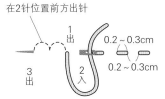

1 出

3 出

2 入

0.2～0.3cm

0.2～0.3cm

全回针缝

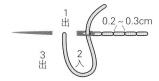

1 出

3 出

2 入

0.2～0.3cm

藏针缝

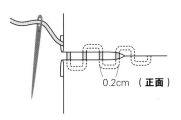

0.2cm

(正面)

四片缝合

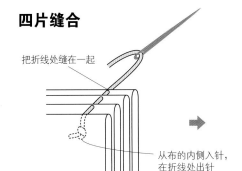

把折线处缝在一起

从布的内侧入针,在折线处出针

回到最初的位置,再次入针

抽紧线,在布的内侧打结

卷针缝

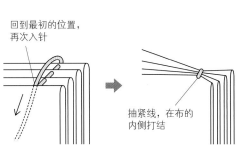

0.2～0.3cm

在折线处跳一针缝合

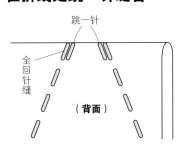

跳一针

全回针缝

(背面)

折线部分不缝,跳一针(0.1～0.2cm)渡线。两端用回针缝进行加固。

角的缝份处理

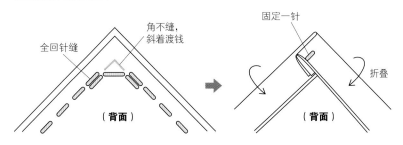

角不缝,斜着渡钱

全回针缝

(背面)

固定一针

折叠

(背面)

角的缝份不缝,斜着渡线后接着往下缝。折叠缝份,把角固定缝一针,翻到正面时,角就会很规整。

主题花的组合方法

主题花的组合方法有很多，这里介绍代表性的方法。
初学者也可以学会，很简单。

用线缝在吊绳上

这是把主题花缝在吊绳上最简单的方法。用2根线直接缝上。如果使用同色系的线，线迹就不显眼，看起来很好看。

用线卷针缝

把主题花固定在架子、筐子等工具上时，或者把较重的主题花缝在搭配的绳子上时，要用卷针缝。为防止主题花滑落，要点是要把缝线抽紧。

穿木珠

给吊绳穿上木珠后，要从下方再穿一次，然后打结。主题花要放在木珠的上方。可以通过调整吊绳来调整木珠的位置，所以这种方法适合连接几个主题花时使用。

用胶水粘住

组合像绑花那样又小又轻的主题花时，穿上吊绳后，再用胶水把它粘上。

装饰结的打法

在与主题花搭配的吊饰中,最常使用的是"金钱结"和"万字结"。

金钱结

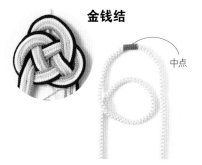

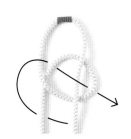

1 把绳子对折,在左侧做成环形。

2 在步骤1完成的环上,放上右侧的绳子,再把放好的绳子从左侧绳子下方穿过,如图所示再穿过圆环。

3 绳子穿过的样子。

4 把绳子拉出来,整理好形状,完成。

万字结(入型)

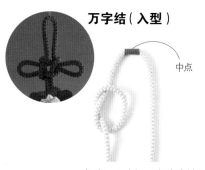

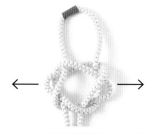

1 把绳子对折,在左侧打一个结,做成环形。

2 把右侧的绳子穿过左侧的环后,再做成环形。

3 把右侧绳子穿过步骤2做好的圆环中,把重叠的圆环(●标记)如图所示穿过圆环拉紧。

4 一边整理形状,一边再次把绳子拉紧。

5 把3个圆环的长度调整成一样,完成。

红色、白色山茶花

混色山茶花

➔ p.40 ~ 43

山茶花

山茶花的制作非常简单, 先做花瓣, 然后把它们缝在一起。山茶花是初学者也可以挑战的作品。有2种山茶花, 它们除花芯外, 制作方法是一样的, 选自己喜欢的来做。

〈材料〉1个的量 ※叶子和花萼使用同一种布

◆红色、白色山茶花
- 花瓣 绉绸 (红色或白色) /5片 (6.5cm × 14cm)
- 花芯A 绉绸 (黄色) /1片 (4.5cm × 13cm)
- 叶子 绉绸 (绿色) /2片 (5cm × 14cm)
- 花萼 绉绸 (淡绿色) /1片 (16cm × 6cm)
- 造型带/15cm 5根 铁丝 (26号) /7cm 2根
- 填充棉

◆混色山茶花
- 花瓣 绉绸 (混色) /7片 (6.5cm × 14cm)
- 叶子、花萼与山茶花 (红色、白色) 相同
- 花芯B 绉绸 (黄色、白色) /各1片 (4cm × 13cm)
- 造型带/15cm 7根 铁丝 (26号) /7cm 2根
- 填充棉

准备工作: 制作纸型。给制作花瓣和叶子的绉绸贴上黏合衬。

※实物大纸型在p.123 ※为了让大家看得更清楚, 图中使用了红色线

制作花瓣

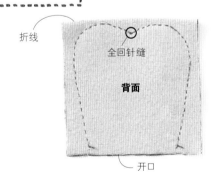

折线
全回针缝
背面
开口

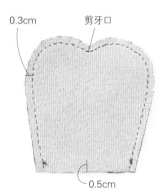

0.3cm
剪牙口
0.5cm

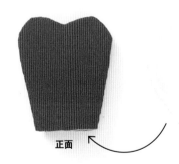

正面

01 把布正面相对对折, 描出纸型, 除了开口, 其余部分都用半回针缝缝合。花瓣的凹陷部分不要留空隙, 用全回针缝缝合。缝份为0.3cm, 开口处缝份为0.5cm, 加上缝份后裁布。需要在圆弧处和凹陷处剪牙口。

02 翻到正面, 把造型带弯成花瓣形状, 放到里面。

从这里开始缝

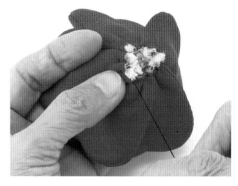

03 在造型带底部涂上胶水,进行固定。红色、白色山茶花做5片,混色山茶花做7片。

04 把花瓣的一半进行叠放,底部用平针缝缝成环形。为了方便抽线,注意针脚不要缝得太小。

05 抽线,把缝口抽紧。

06 在背面打结。

制作叶子

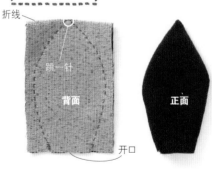

折线

跳一针

背面

正面

开口

07 把布正面相对对折,把叶子纸型的尖端放在布的折线处,然后描出纸型,除了开口,其余部分从布端开始做半回针缝。叶子的尖端跳一针然后做全回针缝。加0.3cm的缝份后裁布,翻到正面。

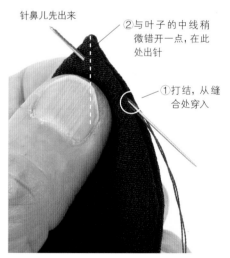

针鼻儿先出来

②与叶子的中线稍微错开一点,在此处出针

①打结,从缝合处穿入

08 用2根线,从①开始倒着插入针,与叶子的中线稍微错开一点从②出针,把打的结拉入里面。

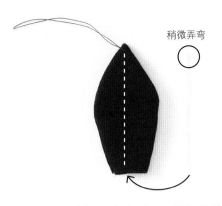

09 这时停下。把与叶子一样长的铁丝顶端稍微弄弯,插入叶子中,注意不要穿透叶子。

稍微弄弯

10 把叶子对折,夹住铁丝做卷针缝。因为要把4片布缝在一起,所以入针时要插得深一些。

11 做2片这样的叶子,把它缝在花瓣上,缝合时注意从花瓣与花瓣的间隙中要能看到叶子。

制作花萼

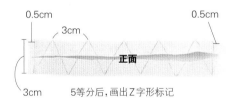

0.5cm   3cm   0.5cm
3cm   正面
5等分后,画出Z字形标记

12 把布的长边边端向中线折叠,用熨斗烫出折痕。在左右端口各留出0.5cm的缝份,等距离地画出Z字形标记。

背面

13 展开,把左右两边正面相对对齐,用半回针缝缝成环形。

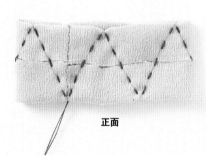

正面

14 劈开缝份,回到原来折好的状态,翻到正面。沿着Z字形标记线用大针脚做平针缝。

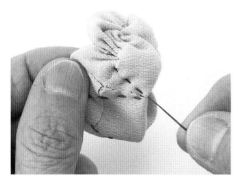

15 缝好后将线抽紧,打结。

16 将一侧折缝的5处缝上抽紧,然后打结。这时,需要把结拉入缝好的内侧,藏起来。

17 花萼缝好的样子。

制作花芯A

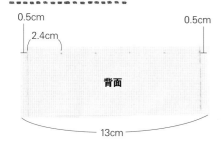

0.5cm

2.4cm

0.5cm

背面

13cm

18 把布的左右两边各留0.5cm的缝份,然后把它5等分,间隔2.4cm画上标记。

挑针缝合

正面

19 把布正面相对对折,沿布边0.5cm处缝合,缝成环形。翻到正面用2根线在标记的位置小针脚做挑针缝合。

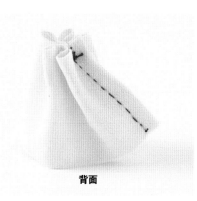

背面

20 翻到背面,把口抽紧后打结。

正面

（背面側）

21 再翻到正面，塞入适量的填充棉，把底部平针缝后抽紧线。这时，再把结拉入内侧藏起来。

22 用2根线把花芯缝在花瓣的中心，在背面缝上花萼，完成。

※p.42的山茶花花球不需要加花萼

制作花芯B （山茶花 混色做法）

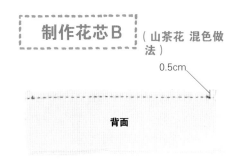

0.5cm

背面

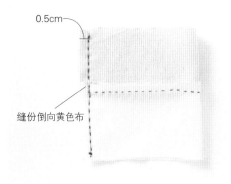

0.5cm

缝份倒向黄色布

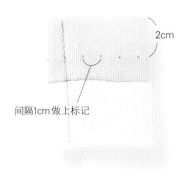

2cm

间隔1cm做上标记

01 把黄色布和白色布的长边正面相对对齐，沿布边0.5cm处用平针缝缝合。

02 把步骤01的缝份倒向黄色布，然后劈开，短边正面相对对齐沿布边0.5cm处缝合，缝成圆筒形。

03 翻到正面，沿黄色布布边2cm处，用水消笔等工具隔1cm画上标记。

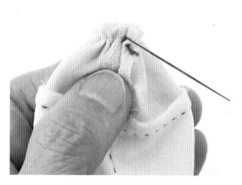

04 翻到背面，用2根线把黄色布0.5cm处平针缝后抽紧线。

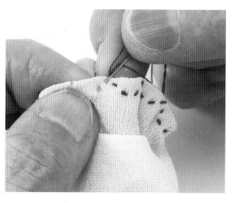

05 再次翻到正面，把有标记的部分对折，密密地Z字形缝合后抽紧线，在内侧打结，整理好。

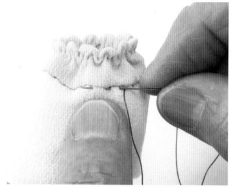

06 在黄色布和白色布之间平针缝，把线稍微抽紧一点。

07 稍微抽紧后，花芯就立起来了。注意不要抽得过于紧。

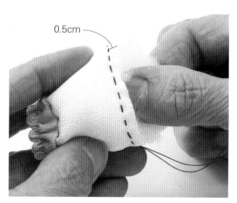

0.5cm

08 在白色布布边0.5cm处平针缝，塞入适量的填充棉。

09 抽紧打结。这时，把结拉入抽紧部分的内侧藏起来。把白色部分放在底部，用2根线把它缝在花瓣的中心。

⇒p.6、7

樱花

把花瓣缝在一起的制作方法,是制作主题花的基本方法。记住缝制方法后,就可以把它应用到四照花、桔梗等各种花的制作之中。

〈材料〉 1个的量

花瓣　绉绸(淡粉色)/5片(4cm×9cm)
花萼　绉绸(深绿色)/1片(4cm×4cm)
花蕊　仿真花蕊/5根
造型带/15cm 5根
厚纸片
准备工作:制作纸型。给制作花瓣的绉绸贴上黏合衬。

※ 实物大纸型在p.116
※ 为了让大家看得更清楚,图中使用了红色线

制作花瓣

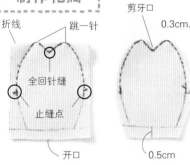

折线　跳一针
全回针缝
止缝点
开口

剪牙口
0.3cm
0.5cm

01 把布正面相对对折,描出纸型,在止缝点前一点的位置开始做半回针缝。在花瓣的尖端跳一针然后做全回针缝。缝份为0.3cm,开口处的缝份为0.5cm,加上上述缝份后再裁布。在凹陷处剪牙口。

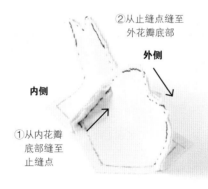

②从止缝点缝至外花瓣底部
外侧
内侧
①从内花瓣底部缝至止缝点

02 按照步骤01的方法做5片,把内侧的内花瓣与外侧的外花瓣分别正面相对对齐,缝合底部。

要点

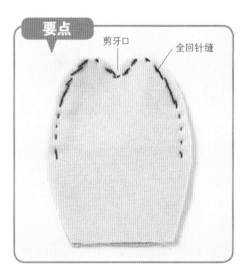

剪牙口　全回针缝

在花瓣的尖端剪牙口,所以需要用全回针缝密密地缝合。

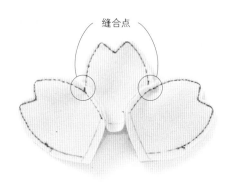

缝合点

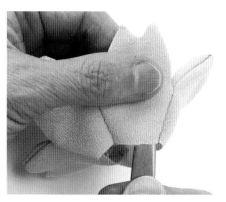

03 把内花瓣与外花瓣持续地缝合，注意不要把缝合点弄错位了。

04 把5片布缝成环形。

05 再翻到正面。这时，用小镊子或锥子把花瓣尖端的布顶出来，这样完成效果会好。

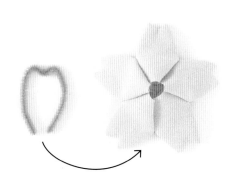

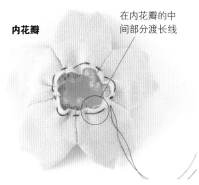

内花瓣

在内花瓣的中间部分渡长线

06 把造型带弯成花瓣的形状，分别放入花瓣中。

07 在花瓣的底部涂上胶水，把造型带固定住。

08 把内花瓣和外花瓣的底部一起缝合，然后把线抽紧。缝的时候，内花瓣中间部分的针脚要缝大一些，这样内花瓣就会稍向内凹进去。

内花瓣

外花瓣

制作花蕊

09 抽紧后的样子。凭借改变针脚的长度，花瓣中点部位就会有漂亮的褶皱。

10 在外花瓣侧出针，然后打结。

11 用锥子在花瓣中心位置开孔。

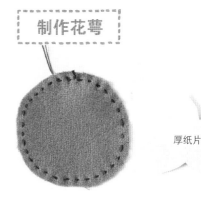

制作花萼

厚纸片

12 把花蕊对折，用线绑好后，用锥子把它从内花瓣侧塞入开好的孔中。

13 回到花瓣背面，为了防止花蕊穿透布露出来，在外侧的底部用胶水固定。

14 把4cm×4cm的布片剪成圆形，留0.5cm的缝份，用2根线在布边缝一圈。在正面出针。

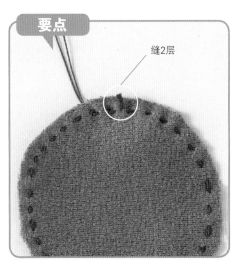

要点

缝2层

为了使抽线结实,在缝合起点处缝了2层。

15 在布的背面放入花萼的厚纸片(纸型),然后抽紧缝线。

16 在放好厚纸片的凹陷处对角线位置渡线缝合。

17 将线抽紧,就会出现漂亮的花萼形状。

18 在花瓣的背面缝上花萼。

19 完成。制作数量较多时,把花蕊的长度做成一致,效果会更好。

➡ p.22、23

牵牛花

采用把布缝合后呈现立体效果的制作方法。给花瓣向上的一面放入造型带，给做花蕊的绳中插入铁丝，这样即便不塞填充棉，花瓣也能立起来，完成效果蓬松、漂亮。

〈材料〉1个的量

花瓣　绉绸（晕染）/6片（7.5cm×8.5cm）
花萼　绉绸（绿色）/1片（6cm×8cm）
叶子　绉绸（绿色）/1片（5cm×10cm）
花蕊　编织绳（黄色 粗0.2cm）/14cm、铁丝（24号）/14cm
枝蔓　编织绳（绿色 粗0.1cm）/18cm、铁丝（28号）/18cm
造型带/21cm

准备工作：制作纸型。给制作花瓣和叶子的绉绸贴上黏合衬。

※ 实物大纸型在p.118　※ 为了让大家看得更清楚，图中使用了红色线

制作花瓣

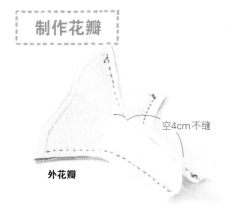

空4cm不缝

外花瓣

01 内花瓣3片，外花瓣3片，分别把它们缝成环形。外花瓣轴的一处留出4cm不缝。

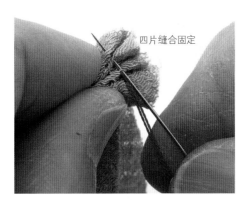

四片缝合固定

02 把内花瓣、外花瓣正面相对对齐，缝合后把3处采取四片缝合（参照p.56）的方法固定。

要点

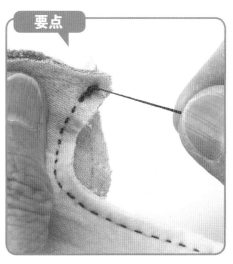

缝合内花瓣、外花瓣时，从外花瓣入针，打的结就不显眼了。

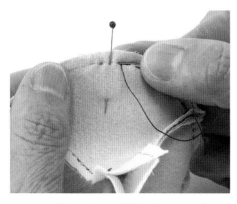

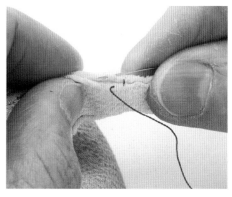

03 为防止布发生错位,先用珠针进行固定,然后缝合内花瓣和外花瓣。

04 翻到正面,把与花瓣外周长度相同的造型带弯成环形,放入花瓣中。

05 把步骤01没缝的部分做藏针缝缝合。

制作花蕊

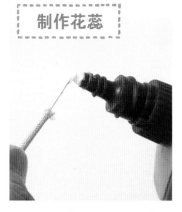

制作花萼

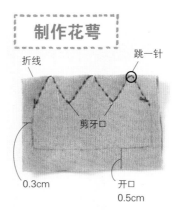

折线
跳一针
剪牙口
0.3cm
开口
0.5cm

06 在黄色的编织绳中插入铁丝,两端用胶水固定。在中点位置打一个结,放入花瓣的里面,把两端折1cm,固定缝在轴上(参照步骤07)。

07 花瓣完成后的样子。把花蕊调整到稍微能看到的程度。

08 把布正面相对对折,在折线上放花萼尖端的纸型,然后描出纸型,只把"山"字部分做半回针缝。缝到花萼尖端时,跳一针,然后做全回针缝。缝份留0.3cm,开口留0.5cm缝份,然后裁布。凹陷部分要剪牙口。

09 把布竖着展开,把步骤08没缝的两端对齐缝合。

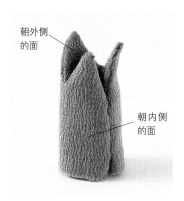

朝外侧的面

朝内侧的面

10 再翻到正面，用锥子等工具把叶子的尖端推出来。这时，在外侧的面，与花瓣缝合翻转后会变成内侧面。

制作叶子

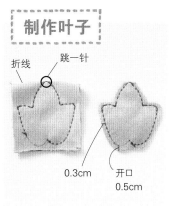

折线

跳一针

0.3cm

开口 0.5cm

11 把布正面相对对折，在折线处放上叶子尖端的纸型，描出纸型。除开口，全都用半回针缝缝合。缝到叶子尖端时，跳一针，然后用全回针缝缝合。缝份留0.3cm，开口缝份为0.5cm，然后裁布。

12 翻到正面，藏针缝缝合开口。

制作枝蔓

13 在绿色编织绳中插入铁丝，两端用胶水固定（参照p.70的步骤06）。把一半弄弯，把另一端插入叶子的底部，然后用胶水固定。

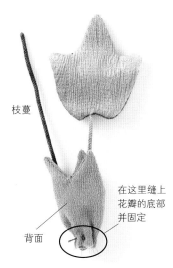

枝蔓

在这里缝上花瓣的底部并固定

背面

14 把叶子和枝蔓的弯曲部分插入花萼，把花萼的底部缝合后抽紧。

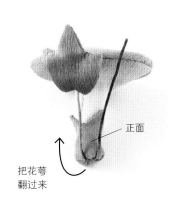

正面

把花萼翻过来

15 把花萼的底部和花瓣的底部缝合后，再把花萼翻过来。把叶子和枝蔓弄弯，配在花萼处。

16 将枝蔓用锥子等工具卷成一圈一圈的形状。

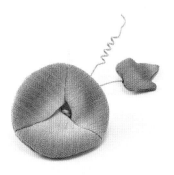

17 配在花朵旁边，把叶子和枝蔓的位置调整好，完成。

➡ p.10、11

紫藤

采用的是用正方形布片制作"绑花"的方法。可以把几朵绑花连在一起,做成藤花,还可以把它装饰在主题花的中间,进行组合。

〈材料 叶枝、蔓各1枝 绑花12朵〉1枝的量

花瓣 绉绸或者平纹绢(紫色系)/3片(3cm×3cm)、2片(3.5cm×3.5cm)、2片(4cm×4cm)、2片(4.5cm×4.5cm)、2片(5cm×5cm)、1片(6cm×6cm) 人造丝线/30cm

叶子 绉绸(黄绿色)/5片(3cm×11cm)

叶枝 编织绳(绿色粗0.1cm)/18cm、铁丝(26号)/18cm 1根、8cm 2根

蔓 编织绳(绿色粗0.1cm)/18cm、铁丝(26号)/18cm

准备工作:制作纸型。给制作叶子的绉绸贴上黏合衬。

※实物大纸型在p.117※为了让大家看得更清楚,图中使用了红色线

制作花(绑花)

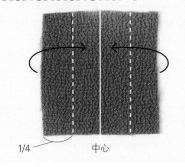

1/4　中心

01 把正方形布两端的1/4向中线折叠。折的时候,布边会有大约0.1cm的重叠。

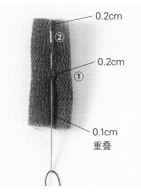

正面

0.2cm ②

0.2cm ①

0.1cm

重叠

02 在叠放布的中心位置入针开始缝合,为了不让线迹在正面太显眼,针脚长度约为0.2cm(①),在离布边0.2cm处出针(②)。

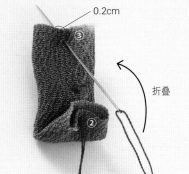

背面

0.2cm ③

② 折叠

03 针回到背面,在另一端离布边0.2cm处入针(③),朝向中心位置抽线,折叠成正方形。

04 　入针渡线,把正方形四条边的中心缝起来。

缝最后一针

05 　抽紧线,做成花形。花的中心在最后缝好的线的另一侧再缝一针,彻底抽紧。

06 　在花的中心打结,把结使劲向下拉,然后剪断线。

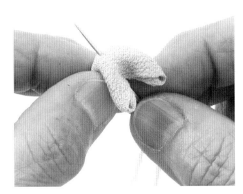

07 　把人造丝线穿在针上,给线的一端打结,从小花开始,按照顺序,面朝下进行连接。

08 　把大小12朵花连接好后,在18cm长的人造丝线上把花等距离地用胶水固定住。

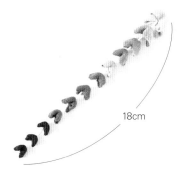

18cm

09 　花固定好的样子。用布做的花比渐变染色效果还要漂亮。

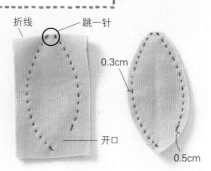

制作叶子和蔓

折线　　跳一针

0.3cm

开口

0.5cm

10 把布正面相对对折,把叶子尖端的纸型放在折线处,描出纸型,除开口,其余部分都做半回针缝。缝到叶子尖端时,跳一针,然后做全回针缝。缝份为0.3cm,开口加上0.5cm缝份后再裁布。

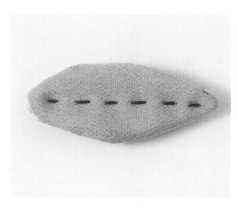

11 再翻到正面,缝合开口,绣出叶脉。这样的叶子做5片。

12 在叶子的底部放入8cm的铁丝,用胶水固定。用这种方法制作2片叶子。剩下的3片叶子取其中1片。在18cm编织绳中插入铁丝,两端用胶水固定,再放入上面所取的1片叶子中,成为叶子的茎。

在另一侧也插入叶子

胶水

13 制作叶枝。在茎上用锥子开孔,穿入带铁丝的叶子,涂上胶水固定。给穿到另一侧的铁丝涂上胶水,把剩下的1片叶子穿上。共制作2个。

14 制作蔓。给绿色的编织绳穿入18cm的铁丝,两端用胶水固定。用锥子的尖端将蔓卷成一圈一圈的形状。

15 完成。把花和叶枝多做几个放在一起,会更加华丽。

绉绸细工、主题花的制作方法

本书中的16种主题花的制作方法在这部分均有图文并茂的展示，详细说明请查看p.54的"制作绉绸细工的基本顺序和要点"和主题花的基本花型、山茶花的制作方法、樱花的制作方法。

※在各主题花的制作方法中省略了"制作纸型""给绉绸贴上黏合衬"这2道工序，请大家做好这些准备工作后再开始做其他步骤

四照花 ➡ p.8、9　　实物大纸型　p.116　　参照p.65樱花的制作方法

〈**材料**〉1个的量

花瓣　绉绸（白色或者粉色晕染）/4片（4.5cm×10cm）

花芯　绉绸（黄绿色）/1片（3cm×3cm）

花萼　绉绸（绿色）/1片（4cm×4cm）

填充棉、厚纸片

准备工作：制作纸型。给制作花瓣的绉绸贴上黏合衬。

〈**制作方法**〉

1 制作花瓣。把布正面相对对折，描出纸型。只把止缝点标记的上面部分做半回针缝。在花瓣的尖端跳一针后再用全回针缝缝一针。缝份为0.3cm，开口缝份为0.5cm，加上缝份后再裁布。

2 分别把4片花瓣的外花瓣和内花瓣正面相对缝合，把步骤1留下的止缝点标记的下面部分缝合，把4片花瓣缝成环形。

3 在花瓣的尖端塞入少量的填充棉，用2根线把花瓣的底部缩缝在一起，包括内花瓣、外花瓣。缝合时，需要给花瓣的中央渡长线，使它有较深的褶子。

4 制作花芯。沿布边缝一个圆形，塞入少量的填充棉后抽紧线，然后缝在内花瓣的中心。

5 制作花萼。把剪成花萼形状的厚纸片（纸型），折出十字，做出凹陷。剪去布的角，把布剪成圆形，用2根线沿布边缝一个圆形。在中心放入厚纸片，把线稍微抽紧一些再打结。从背面在厚纸片凹陷的位置入针，以对角线的方式穿针渡线，然后抽紧，就会出现花萼的形状。再缝在花瓣的背面。

花瓣

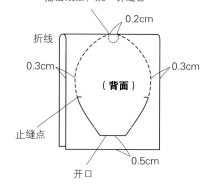

把花瓣的尖端放在折线处，描出纸型，跳一针缝合

0.2cm

折线

0.3cm　0.3cm

（背面）

止缝点

0.5cm

开口

花芯

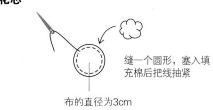

缝一个圆形，塞入填充棉后把线抽紧

布的直径为3cm

牡丹 ➡ p.12、13　实物大纸型 p.119　参照p.59山茶花的制作方法

〈材料〉以白色为例

花瓣大、中、小 绉绸（紫红色或者白色、绛紫色）/各5片（大7cm×13cm、中6cm×12cm、小5cm×11cm）

花芯 绉绸（黄色）/1片（11cm×4.5cm）

花萼 绉绸（绿色）/1片（16cm×6cm）

叶子 绉绸（绿色）/2片（8cm×20cm）

造型带/15cm 5根、12cm 5根、10cm 5根
铁丝（26号）/18cm 2根
填充棉

准备工作:制作纸型。给制作花瓣和叶子的绉绸贴上黏合衬。

〈制作方法〉

1 制作大、中、小花瓣。把布正面相对对折，描出纸型。开口以外的部分做半回针缝。缝份为 0.3cm、开口缝份为 0.5cm，加上缝份后再裁布。给花瓣尖端的凹陷处剪牙口，然后翻到正面。把造型带弯成花瓣形状后放入花瓣中，再把端口涂上胶水固定在花瓣的底部。花瓣大、中、小用这种方法各做 5 片。

2 制作花芯。给短布边的左右加 0.5cm 的缝份，把长边 5 等分，隔 2cm 做一个标记。把布正面相对对折，缝合布边成环形。用 2 根线把做好的标记位置用小针脚做挑针缝合，然后把线抽紧、打结。

3 缝上花瓣。按照花瓣小、中、大的顺序，缝在花芯的周围。在花芯的里面装入少量的填充棉，在 0.5cm 的缝份处，做平针缝后抽紧线。

4 制作叶子。把布正面相对对折，描出纸型。开口以外的部分从布边开始做半回针缝。叶子的尖端跳一针后再用全回针缝缝一针。缝份为 0.3cm，开口缝份为 0.5cm，加上缝份后再裁布。给叶子的尖端凹陷处剪牙口，然后翻到正面。用这种方法做 2 片叶子。把铁丝对折后放入叶子中，在叶子的底部折弯 0.5cm。给叶子绣上叶脉，然后缝在花瓣的背面。用这种方法做 2 片叶子。

5 制作花萼。把长布边分别折向内侧中线，用熨斗烫出折痕。在左右两端各留 0.5cm 缝份，在长边上间隔 3cm 做标记，把标记的点做 Z 字形连接，会出现 5 个山尖。然后展开，把短边正面相对对齐，沿 0.5cm 缝份，用半回针缝缝成环形。回到原来折好的状态，翻到正面，沿着标记线做平针缝后抽紧线。用 2 根线，把花萼缝在花瓣的底部。

花瓣（小）

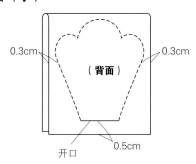

0.3cm　（背面）　0.3cm

开口　0.5cm

花瓣的缝合法

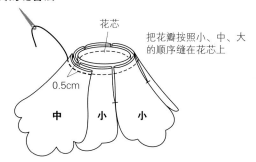

花芯

把花瓣按照小、中、大的顺序缝在花芯上

0.5cm

中　小　小

花萼

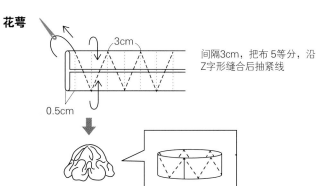

3cm

0.5cm

间隔3cm，把布 5 等分，沿 Z 字形缝合后抽紧线

绣球花 ➡ p.14、15 实物大纸型 p.118

〈材料〉1个的量
花瓣 绉绸（蓝紫色）/11片（4cm×4cm）
叶子 绉绸（深绿色）/2片（4cm×10cm）
底布 绉绸（黄绿色）/1片（5cm×5cm）
底座布 绉绸（白色）/1片（直径13cm的圆形或者扎染布6.5cm）

珍珠（3mm）/11颗
铺棉（或者填充棉）/11片（2cm×2cm）
厚纸片、填充棉、布用上色笔

准备工作:制作纸型。给制作叶子的绉绸贴上黏合衬。

〈制作方法〉

1 制作叶子。把布正面相对对折,描出纸型。开口以外的部分用半回针缝缝合。叶子的尖端跳一针后用全回针缝缝一针。缝份为0.3cm,开口缝份为0.5cm,加上缝份后再裁布,翻到正面绣叶脉。用这种方法做2片叶子。

2 制作底座。把底座布周围用2根线平针缝缝一圈,塞入填充棉后使之鼓起来,然后再放入厚纸片抽紧线。把叶子缝在底座的底部。底布也一样,周围用2根线平针缝缝一圈后,放入厚纸片后抽紧线,然后缝在底座的底部。

3 制作花瓣。把正方形的布角斜着剪掉0.5cm。用2根线沿内侧0.3cm缝一圈,放上铺棉后抽紧线打结。然后从花瓣的正面中心出针,用线缝成十字形。在背面打结,把针再穿回到正面中心,缝1颗珍珠。这样的花瓣做11片。

4 底座布用布用上色笔上色。用珠针把花瓣均匀地固定住,用2根线,把它们缝在底座上。

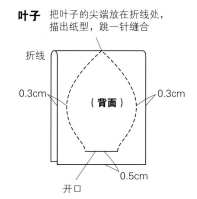

叶子 把叶子的尖端放在折线处,描出纸型,跳一针缝合

折线
0.3cm
（背面）
0.3cm
0.5cm
开口

底座的制作方法

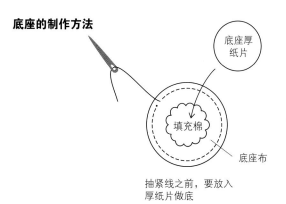

底座厚纸片
填充棉
底座布
抽紧线之前,要放入厚纸片做底

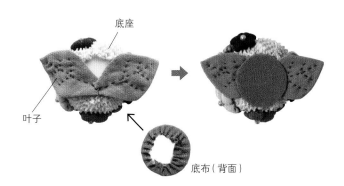

底座
叶子
底布（背面）

花瓣的制作方法 ※为了让大家能够看得更清楚,图中使用了红色线

1 剪去布角,用2根线缝一圈后放上铺棉。

把线抽紧后,再从背面中心处入针至正面 **(背面)**

2 抽紧线,打结后从背面花的中心处入针至正面。

(背面)

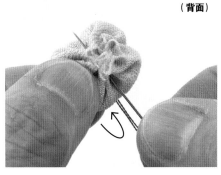

3 把在正面的线穿回背面,把缩缝处再缝一针。

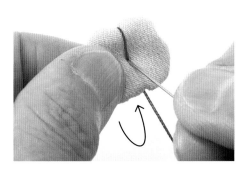

4 把线从背面再绕回正面,在中心处穿回去。

5 用同样的方法缝成十字形。缝合时,把线拉紧,立体感就出来了。

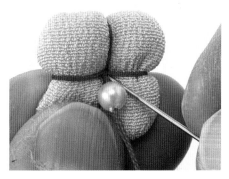

6 最后在背面打结,然后从花的中心出针,缝上珍珠。

7 把针从中心处再缝回去,将珍珠固定,在背面打结,完成。一共做11个,再缝在底座布上。

百合 ➡ p.16～19 ┆实物大纸型┆ p.120 参照p.59山茶花的制作方法

〈**材料**〉1个的量

花瓣① 绉绸（白色或者粉色等）/3片（6cm×20cm）

花瓣② 绉绸（白色或者粉色等）/3片（5cm×20cm）

花萼 绉绸（绿色）/1片（16cm×6cm）

雌蕊 绉绸（绿色）/1片（直径2cm的圆形）

雄蕊 绉绸（朱红色）/6片（1cm×1.5cm）

编织绳（绿色 粗0.2cm）/7cm

编织绳（白色 粗0.1cm）/6cm 6根

铁丝（26号）/10cm 6根、（22号）7cm、（28号）6cm 6根

填充棉

准备工作:制作纸型。给制作花瓣的绉绸贴上黏合衬。

〈**制作方法**〉

1 制作花瓣。把布正面相对对折，描出纸型。开口以外的部分用半回针缝缝合。花瓣的尖端跳一针然后用全回针缝缝一针。缝份留0.3cm，开口缝份留0.5cm，然后裁布，翻到正面。花瓣①、②各做3片。

2 在花瓣里面放入铁丝（26号），竖着对折花瓣夹住铁丝后用卷针缝将铁丝固定在外花瓣中央。在花瓣①的底部做平针缝，把3片缝成环形后抽紧线。把花瓣②缝在花瓣①之间，不要留出空隙。

3 制作雌蕊。塞入少量的填充棉，把布边折向内侧缩缝。用缝线把它3等分。此时，缝线留着，不要剪断。

4 用锥子给步骤3的底部开孔。在绿色的编织绳中穿入铁丝（22号），两端用胶水固定，在编织绳的端口，涂上少量的胶水后插入开孔中。用预留的线把它缝在编织绳上。

5 制作雄蕊。在白色的编织绳中穿入铁丝（28号），两端用胶水固定。给布薄薄地涂上胶水，卷着贴在编织绳的顶端。把布边斜着剪去0.5cm。做6根。

6 在雌蕊的周围用线把6根雄蕊缠绕固定住。在花瓣的中心用锥子开孔，插入花芯，从背面把花的底部用胶水固定。

7 制作花萼。把长布边分别向内侧中线折叠，用熨斗烫出折痕。在左右两端各留0.5cm缝份，在长边上间隔2.5cm做标记，把标记的点做Z字形连接，会出现6个山尖。然后展开，把短边正面相对对齐后沿0.5cm的缝份用半回针缝缝合，缝成环形。回到原来折好的状态，翻到正面，沿着标记线用平针缝缝合后抽紧。用2根线，把花萼缝在花瓣的底部。

花瓣①

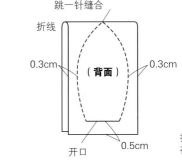

把花瓣尖端放在折线处描出纸型，跳一针缝合

折线

0.3cm （背面） 0.3cm

开口 0.5cm

把铁丝用卷针缝固定在花瓣背面

花瓣的连接方法

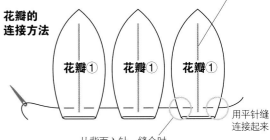

花瓣① 花瓣① 花瓣①

用平针缝连接起来

从背面入针，缝合时缝成2个凹陷褶皱

花萼

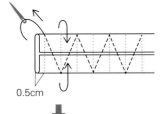

间隔2.5cm，把布6等分，沿Z字形缝合后抽紧线

0.5cm

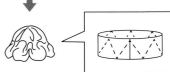

铁线莲 ➡ p.20、21　　实物大纸型　p.117

参照p.59山茶花的制作方法　花萼的制作方法参照p.67

〈材料〉1个的量

花瓣　绉绸（紫色系）/6片或者8片（3cm×9cm）
花芯①　绉绸（黄绿色）/1片（直径2.5cm的圆形）
花芯②　绉绸（土黄色）/1片（直径3cm的圆形）
花萼　绉绸（黄绿色）/1片（4cm×4cm）
厚纸片

准备工作:制作纸型。给制作花瓣的绉绸贴上黏合衬。

〈制作方法〉

1 制作花瓣。把布正面相对对折，描出纸型。开口以外的部分用半回针缝缝合。花瓣的尖端跳一针然后用全回针缝缝一针。缝份留0.3cm，开口缝份留0.5cm，然后裁布，翻到正面。做6片或者8片。把花瓣竖着对折，用2根线把花瓣底部缝在一起后抽紧线，呈环形。

2 制作花芯。把花芯①的布平针缝成圆形，放入厚纸片（纸型）后缩缝。把花芯②的布边一边向内折0.3cm，一边用2根黄绿色的线平针缝，然后包住花芯①抽紧线。把花芯②缝在花瓣的中心。

3 制作花萼。剪去角，把布剪成圆形，用2根线缝成圆形。在中心放入厚纸片后稍微用劲儿抽紧线，然后打结。在背面入针，在凹陷处分别沿对角线方向渡线缝合后抽紧线，使之成为花萼的形状。将花萼缝在花瓣的背面。

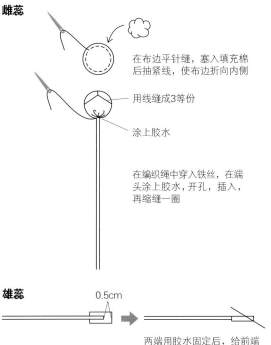

雌蕊

在布边平针缝，塞入填充棉后抽紧线，使布边折向内侧

用线缝成3等份

涂上胶水

在编织绳中穿入铁丝，在端头涂上胶水，开孔，插入，再缩缝一圈

雄蕊

0.5cm

两端用胶水固定后，给前端贴上布，斜着剪一下

花芯①

厚纸片

平针缝

花芯②

把花芯①放入后抽紧线

向内折0.3cm

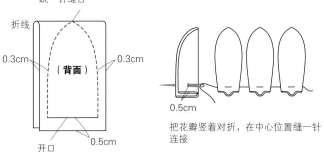

花瓣　把花瓣尖端放在折线处描出纸型，跳一针缝合

折线

0.3cm　（背面）　0.3cm

开口　0.5cm

0.5cm

把花瓣竖着对折，在中心位置缝一针连接

木槿 ➡ p.26、27 ┆实物大纸型┆ p.121 　参照p.59山茶花的制作方法

〈材料〉1个的量

花瓣（大）	绉绸（淡粉色、白色或紫色）/5片
	（5.5cm×11cm）
花瓣（中）	绉绸（紫红色）/1片（10cm×3cm）
花萼	绉绸（淡绿色）/1片（13cm×5cm）
叶子	绉绸（深绿色）/1片（5.5cm×15cm）

铁丝（24号）/7cm
造型带/12cm 5根
花蕊/5根

准备工作:制作纸型。给制作花瓣和叶子的绉绸贴上黏合衬。

〈制作方法〉

1 制作花瓣（大）。把布正面相对对折,描出纸型。开口以外的部分用半回针缝缝合。缝份留0.3cm,开口缝份留0.5cm,裁布。翻到正面,把造型带弯成花瓣的形状后放入,把端口用胶水固定在花瓣的底部。做5片。把花瓣的一半进行重叠放置,用2根线把它们平针缝缝合,缝成环形后抽紧线。

2 缝花瓣（中）。把布的短边正面相对对齐后沿0.5cm缝份缝合,缝成圆筒状,劈开缝份后翻到正面。把布边对折,用2根线缝合底边一圈后抽紧线。把它缝在步骤1的中心。

3 制作花蕊。分别把几根花蕊对折后,把根部用线缠绕后打结,然后插入花瓣（中）的中心,最后用胶水固定。

4 制作叶子。把布正面相对对折,把叶子的尖端放在接近折线的位置,描出纸型。开口以外的部分从布边开始用半回针缝缝合。叶子的尖端跳一针然后用全回针缝缝一针。缝份留0.3cm,开口缝份留0.5cm,裁布,翻到正面。放入铁丝（24号）,将叶子对折夹住铁丝后用卷针缝把它固定在叶子的背面中央,然后把叶子缝在花瓣的背面。

5 制作花萼。把布的长边分别向内侧中线折叠,用熨斗烫出折痕。左右两端缝份各留0.5cm,在长边上间隔2.4cm做标记,把标记的点做Z字形连接,会出现5个山尖。然后展开,把短边正面相对对齐,用半回针缝缝合,缝成环形。回到原来折好的状态,翻到正面,沿着标记线用平针缝缝合,抽紧线。用2根线,把花萼缝在花瓣的底部。

花瓣（大）通用

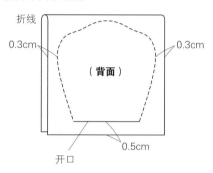

折线
0.3cm
0.3cm
（背面）
0.5cm
开口

花瓣（大）的连接方法　通用

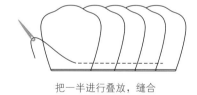

把一半进行叠放,缝合

花瓣（中）通用

对折,用线缠绕固定
把花蕊插入花瓣（中）后用胶水固定
折线
花瓣（中）

扶桑花 → p.24、25 ┊实物大纸型┊ p.121 参照 p.59 山茶花的制作方法

〈**材料**〉1个的量

※ 花瓣（除颜色外）、花萼、造型带与木槿相同

花蕊 铁丝（24号）/4cm

编织绳（红色或黄色粗0.2cm）/4cm

仿真花蕊/5根（其中4根对折后剪断成为8根+1根）

准备工作:制作纸型。给制作花瓣的绉绸贴上黏合衬。

〈**制作方法**〉

※ 花蕊以外的部分制作方法与木槿相同,没有叶子

制作花蕊。把1根花蕊的底部与铁丝叠放1cm,然后用胶水粘住。胶水干了以后,插入编织绳,用胶水固定。把余下的8根花蕊底部对齐,用线缠绕捆成一束,再用胶水固定。

花蕊 ※花瓣（中）通用

编织绳　　　铁丝　　1根仿真花蕊

把铁丝和1根仿真花蕊用胶水粘住后插入编织绳

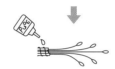

把剩下的8根仿真花蕊放在一起,底部用线缠绕后用胶水固定

花萼 通用

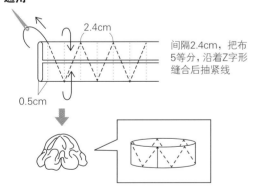

间隔2.4cm,把布
5等分,沿着Z字形
缝合后抽紧线

2.4cm

0.5cm

莲花 ➡ p.28、29　实物大纸型 p.122

〈材料 各1份〉

花瓣（小）　绉绸（粉色晕染）/外花瓣5片（7cm×5cm）、内花瓣5片（5cm×4cm）

花瓣（大）　绉绸（粉色晕染）/外花瓣6片（8.5cm×5.5cm）、内花瓣6片（7cm×5cm）

花萼（大）　绉绸（绿色）/1片（4.5cm×4.5cm）

花芯（上）　绉绸（黄绿色）/1片（直径3.5cm的圆形）

花芯（轴）　绉绸（黄色）/1片（7cm×3cm）

花苞　绉绸（粉色晕染）/尺寸与花瓣（大）相同，各3片

花萼（小）　绉绸（绿色）/1片（3cm×3cm）

叶子　绉绸（绿色）/2片（直径10cm的圆形）

造型带/30cm

铺棉、填充棉、厚纸片

准备工作：制作纸型。给制作花瓣和叶子的绉绸贴上黏合衬。

〈制作方法〉

1 制作花瓣。把外花瓣和内花瓣的布正面相对对齐，把尖端和两侧用珠针固定，留开口缝合。大的制作6片，小的制作5片。为了使尖端出现尖角，把角的缝份折成直角，用指尖压住，再翻到正面。

2 塞入填充棉，用2根线把外花瓣和内花瓣的开口用平针缝缝合，2片都要缝。不要剪断线，用相同的方法把花瓣缝在一起，抽紧线打结。缝合时，针从外花瓣侧入针，在外花瓣侧出针。分别把花瓣（大）、花瓣（小）缝成环形。

3 在花瓣（大）的上面叠放花瓣（小）之后缝合。

4 制作花芯。把花芯（上）用平针缝缝成圆形，按照铺棉、厚纸片的顺序叠放后，包住它们抽紧线。在正面一侧绣法式结粒绣。再制作花芯（轴），把布的短边正面相对对齐，端口留0.5cm缝合，缝成筒形。把底边缝一圈，抽紧线后翻到正面。塞入少量填充棉，上边用同样的方法缝一圈。稍微抽一下线，再与花芯（上）缝合，然后缝在步骤3花瓣的中央。

5 制作花萼（大）。把布边留0.3cm用平针缝缝合，包住厚纸片后抽紧线。缝在花的背面。

6 制作花苞。制作3片花瓣（大），塞入填充棉后与制作花瓣一样，把它们连接起来，把3片尖端缝合。制作花萼（小），缝在底部。

7 制作叶子。把布正面相对对齐，开口以外的部分缝份留0.5cm，用半回针缝缝合。翻到正面，把造型带弯成环形放入其中。缝合开口，绣叶脉。

花芯的制作方法

花芯（上）

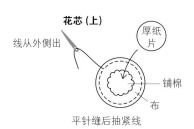

线从外侧出　　厚纸片

铺棉

布

平针缝后抽紧线

花芯（轴）

绣法式结粒绣

花芯（上）

少量填充棉

把向上的一面的缝线稍微抽紧一点，缝在花芯（上）

花瓣（大）的制作方法 ※为了让大家看得更清楚,图中使用了红色线

1 把外花瓣和内花瓣的尖端和两侧正面相对对齐后用珠针固定。

2 缝合开口以外的部分。

3 翻到正面。

4 塞入少量填充棉。中心用珠针固定,这样便于缝。用这种方法制作6片花瓣。

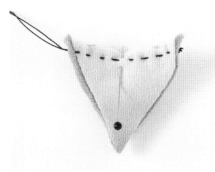

5 缝合开口。外花瓣较大,所以为了让花瓣稍微鼓起来要均衡地缝。针从外花瓣侧入,从外花瓣侧出。

6 一边缝合开口,一边把花瓣连接起来。

7 把6片花瓣缝成环形后抽紧线,打结。

8 用同样的方法制作花瓣（小）,把花瓣（大）和花瓣（小）叠放,缝合。

瞿麦 ➡ p.37 实物大纸型 p.116 参照p.65樱花的制作方法

〈**材料**〉1个的量

花瓣　绉绸(桃色)/5片(4cm×8cm)

花萼　绉绸(绿色)/1片(3cm×3cm)

花蕊　编织绳(白色 粗0.2cm)/6cm

铁丝(24号)/6cm

铁丝(28号)/4cm　5根

厚纸片

准备工作:制作纸型。给制作花瓣的绉绸贴上黏合衬。

〈**制作方法**〉

1 制作花瓣。把布正面相对对折,描出纸型。把止缝点以上的半部分做半回针缝。缝份留0.3cm,开口缝份留0.5cm,然后裁布。把外花瓣、内花瓣分别正面相对缝合底部,把5片缝成环形,然后翻到正面。把铁丝(28号)的尖端稍微弄弯,这样做是为了不让它戳穿尖端的布,然后涂上少量的胶水,放入花瓣中央的尖端,固定。用2根线,把花瓣的中心缝合抽紧。

2 制作花蕊。在编织绳中穿入铁丝(24号),把两端用胶水固定。把它对折弄断,底部用线捆绑后涂上胶水。在花瓣的中心用锥子开孔,插入后固定。把花蕊的尖端用锥子折弯。

3 制作花萼。把布剪成圆形,用2根线缝合布边。在中心放入厚纸片(纸型),然后稍微用劲儿抽紧线,打结。从背面在厚纸片凹陷的位置入针,在对角线处渡线缝合,然后抽紧线,做出花萼的形状。缝在花瓣的背面。

花瓣

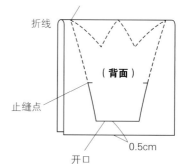

把所有花瓣的尖端放在折线处描出纸型,跳一针缝合

折线

(背面)

止缝点

0.5cm

开口

花瓣的连接方法

把5片底部连接起来

在花瓣中心位置插入铁丝,然后用2根线把花瓣中心缩缝

芒草 ➡ p.32 〔实物大纸型〕 p.126

〈**材料**〉 2根的量

穗 绉绸（白色）/ 1片（8cm×10cm）

叶子（大） 绉绸（绿色）/2片（3cm×15cm）

叶子（小） 绉绸（绿色）/2片（3cm×12cm）

茎 绉绸（绿色）1cm宽的斜纹布/33cm

铁丝 穗（28号）/10cm　10根

叶子（26号）/大15cm、小12cm（各1根）

茎（22号）/大19cm、小17cm（各1根）

双面黏合衬

准备工作：制作纸型。

〈**制作方法**〉

1 制作穗。沿布边抽去纵线，约0.5cm宽，布边再留出0.3cm后裁布。在铁丝（28号）的尖端涂上胶水，把穗尖朝上贴上。整根铁丝都涂上胶水，旋转穗把它贴在铁丝上。用这种方法做10根。

2 制作茎。把5根穗用线缠绕固定在大铁丝（22号）的尖端，在铁丝上涂上胶水，把斜纹布斜着缠绕在铁丝上。余下的5根穗用同样方法缠绕在小铁丝（22号）上。

3 制作叶子。在叶子布的一边贴上双面黏合衬，在中心夹入铁丝（26号），然后把2片叶子布粘贴在一起。剪成叶子的形状，把叶子的底部卷着用胶水贴在茎上。大的做1片，小的做1片。

穗的制作方法

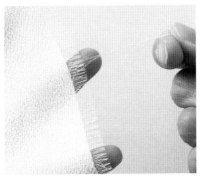

1 把布的纵线抽去，抽到0.5cm宽处。

2 布边留0.3cm，裁布。

3 只给铁丝的尖端涂上胶水，穗尖朝上，缠在铁丝尖端，让穗尖突出。

4 整根铁丝都涂上胶水，然后把穗一圈一圈缠绕上。

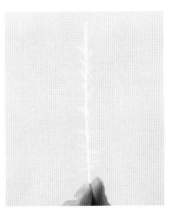

5 粘贴时，不要让布重叠，穗就会站立起来，完成效果好。

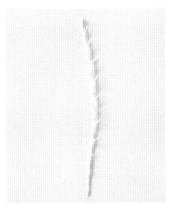

6 完成。

桔梗 ➡ p.33　实物大纸型　p.121　参照p.65樱花的制作方法

〈材料〉 1个的量

花瓣　绉绸（紫色）/5片（4.5cm×9cm）
花蕊　绉绸（黄色）/2片（2cm×2.5cm）
花萼　绉绸（黄绿色）/1片（3cm×3cm）

铁丝（24号）/14cm
编织绳（白色 粗0.2cm）/14cm
填充棉、厚纸片、双面黏合衬

准备工作：制作纸型。给制作花瓣的绉绸贴上黏合衬。

〈制作方法〉

1 制作花瓣。把布正面相对对折，描出纸型。把止缝点以上的半部分做半回针缝。缝份留0.3cm，开口缝份留0.5cm，然后裁布。把5片花瓣的外花瓣与内花瓣的底部缝合，把5片花瓣缝成环形，然后翻到正面，在花瓣的尖端薄薄地塞入填充棉。

2 制作雌蕊。在编织绳中穿入铁丝（24号），剪成5等份，两端分别涂上胶水。把5根并在一起，底部涂上胶水，绕线捆成一束。把上端用锥子轻轻地弯向外侧。

3 制作雄蕊。把2片布用双面黏合衬粘在一起，按照纸型把它裁开，然后用胶水贴在步骤2的四周。

4 安花蕊。用2根线在背面入针正面出针，把内花瓣、外花瓣一起用小针脚缝合，这样要缝5处，缝合后花瓣会出现褶子，把花蕊夹在中央，然后抽紧线。在背面打结，从内侧插入花蕊，在背面用胶水固定。

5 制作花萼。剪去角，把布剪成圆形，用2根线缝成圆形。在中心放入厚纸片后稍微用劲儿抽紧线打结。从背面在厚纸片凹陷的位置入针，以对角线的方式穿针渡线，然后抽紧，使之成为花萼的形状。缝在花瓣的背面。

雌蕊、雄蕊

把粘贴好的布剪成雄蕊后，贴在用线缠绕好的雌蕊上

花蕊的缝法

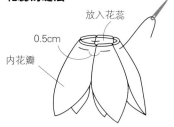

放入花蕊
0.5cm
内花瓣

先把内花瓣朝外摆放，用2根线每针间距0.5cm缝合花瓣，在中心位置夹入花蕊，再把花瓣恢复到朝内位置，抽紧线

花瓣

把所有花瓣的尖端放在折线处描出纸型，跳一针缝合

止缝点

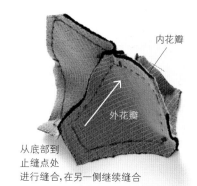

内花瓣
外花瓣

从底部到止缝点处进行缝合，在另一侧继续缝合

菊花 ➡ p.36 实物大纸型 p.124

〈材料〉

花瓣（大）	绉绸（深黄色）/6片（5cm×5cm）
花瓣（中）	绉绸（黄色）/6片（4.5cm×4cm）
花瓣（小）	绉绸（淡黄色）/6片（4cm×3.5cm）
花芯	绉绸（黄绿色）/3片（4cm×4cm）
叶子	绉绸（绿色）/2片（6cm×12cm）
花萼	绉绸（黄绿色）/1片（16cm×6cm）

铁丝（26号）/6cm 2根
填充棉

准备工作：制作纸型。给制作花瓣和叶子的绉绸贴上黏合衬。

〈制作方法〉

1 制作花瓣（大、中、小）。把花瓣用布分别正面相对对折，开口以外的部分做半回针缝。缝份留0.3cm，开口缝份留0.5cm，然后裁布。翻到正面，塞入少量的填充棉。各做6片。

2 把3片花芯布除开口缝成圆形屋顶状。在花芯的四周缝上花瓣（小），不留空隙。在它的下方0.5cm缝上花瓣（中），在花芯的下端缝上花瓣（大）。各个花瓣不要重叠，交错缝上。

3 花芯塞入适量的填充棉，为了不让花瓣显得过大，用2根线在花瓣（小）和花瓣（中）的底部交错缝一圈，注意不要露出底部，抽紧线。中花瓣和大花瓣用同样的方法缝好后抽紧线。

4 制作叶子。把布正面相对对折，在折缝处放上叶子的尖端，描出纸型。开口以外的部分从布边开始用半回针缝缝合。叶子的尖端跳一针然后用全回针缝缝一针。缝份留0.3cm，开口缝份留0.5cm，裁布，在凹陷处剪牙口，翻到正面。把叶子的表里布对齐，用2根线绣叶脉。放入铁丝（26号），把叶子对折，用卷针缝固定。做2片，缝在花瓣的背面。

5 制作花萼。把布的长边向内侧中线折叠，用熨斗烫出折痕。在左右两端各留0.5cm缝份，在长边上间隔2.5cm做标记，把标记的点做Z字形连接，会出现6个山尖。然后展开，把布的短边正面相对对齐，缝份为0.5cm，用半回针缝缝合，缝成环形。回到原来折好的状态，翻到正面，沿着标记线平针缝，抽紧线。用2根线，把花瓣的底部缝合并抽紧线，然后缝上花萼。

花瓣的缝合方法

沿花芯的缝线把6片花瓣不留缝隙地摆放好。
缝合时注意，当花瓣展开时看不见花瓣（小）、花瓣（中）的底部

花萼和花瓣的缝合方法

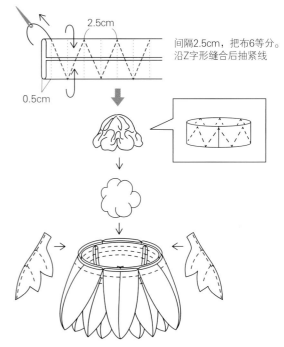

间隔2.5cm，把布6等分。
沿Z字形缝合后抽紧线

缝上叶子，塞入填充棉，缝合开口，
抽紧线后再缝上花萼

大菊 ➡ p.34、35

实物大纸型 p.125

参照p.59山茶花的制作方法

〈材料〉 1个的量

花瓣（大、小） 绉绸（白色或者黄色）/大12片（3cm×10cm）、小6片（3cm×5cm） 共计15cm×40cm

花芯 绉绸（黄色或者白绿色）/1片（直径6.5cm的圆形）

叶子 绉绸（深绿色）/2片（8cm×20cm）

花萼 绉绸（淡绿色）/1片（16cm×5cm）

造型带/20cm 12根、10cm 6根

铁丝（26号）/10cm 2根

填充棉

准备工作：制作纸型。给制作花瓣和叶子的绉绸贴上黏合衬。

〈制作方法〉

1 制作花瓣。参照下图裁布，把布正面相对对折，画出标记。开口以外的部分从布边开始用半回针缝缝合。起始针和止缝针都要回针缝缝1针。缝份留0.5cm，裁布。翻到正面，把造型带对折，然后从折缝处放入，把布和造型带的长度对齐。用这种方法大的做12根，小的做6根。把12根大的用2根线连接，连接时把线迹放在下方缝成环形，然后把6根小的等距离放在它的上面缝合（参照图A）。

2 制作花芯。用2根线把布缝成圆形，塞入适量的填充棉后抽紧线。绕线把它12等分，然后缝在花瓣中心。

3 制作叶子。把布正面相对对折，描出纸型。把开口以外的部分从布边开始用半回针缝缝合。叶子的尖端跳一针，然后用全回针缝缝一针。缝份留0.3cm，裁布，给叶子的凹陷处剪牙口，然后翻到正面。给叶子的四周疏缝，放入铁丝（26号），用卷针缝固定。用这种方法做2片，然后缝在花瓣的背面。

4 制作花萼。把布的长边分别向内侧中线折叠，用熨斗烫出折痕。左右两端缝份各留0.5cm，在长边上间隔2.5cm做标记，把标记的点做Z字形连接，会出现6个山尖。然后展开，把布的短边正面相对对齐，沿画好的缝份线做平针缝缝合，缝成环形。回到原来折好的状态，翻到正面，沿着标记线用平针缝缝合后抽紧线。用2根线，把花萼缝在花瓣的底部。

花瓣用布的裁剪方法

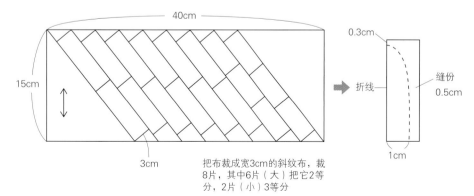

40cm

15cm

3cm

把布裁成宽3cm的斜纹布，裁8片，其中6片（大）把它2等分，2片（小）3等分

0.3cm

折线

缝份 0.5cm

1cm

[图A]

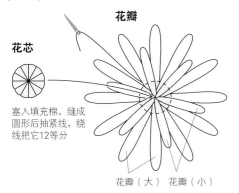

花芯

花瓣

塞入填充棉，缝成
圆形后抽紧线，绕
线把它12等分

花瓣（大）　花瓣（小）

把花瓣（大）连接成环形后，在它上面
再把花瓣（小）一根一根缝上

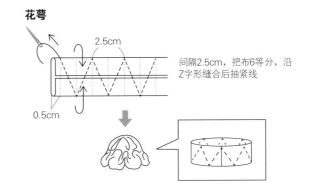

花萼

2.5cm

0.5cm

间隔2.5cm，把布6等分，沿
Z字形缝合后抽紧线

叶子的制作方法

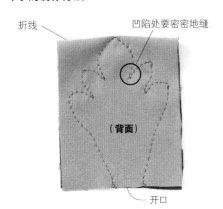

折线

凹陷处要密密地缝

（背面）

开口

1 在折线处放上叶子的尖端描出纸型，
缝合。凹陷的V字处要密密地缝合。

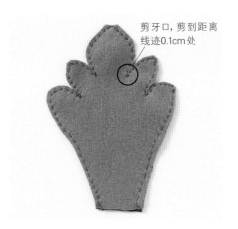

剪牙口，剪到距离
线迹0.1cm处

2 缝份留0.3cm，裁布。把叶子尖端的缝
份稍微剪去一点，给凹陷处尽可能靠
近缝线剪牙口。

3 翻到正面的样子。通过剪牙口、疏缝，
叶子的曲线和尖角都很漂亮地呈现出
来。

一品红 ➡ p.44、45 ┊实物大纸型┊ p.127 参照p.59山茶花的制作方法

〈材料〉

苞叶　绉绸（红色）/10片（6cm×17cm）

叶子　绉绸（深绿色）/5片（7cm×20cm）

花序①　绉绸（土黄色）/6片（1.5cm×1.5cm）

花序②　绉绸（黄绿色）/6片（直径2.2cm的圆形）

铁丝（26号）/18cm　16根

胶带（褐色）、填充棉

准备工作:制作纸型。给制作苞叶和叶子的绉绸贴上黏合衬。

〈制作方法〉

1 制作苞叶、叶子。把布正面相对对折，描出纸型。开口以外的部分用半回针缝缝合。苞叶的尖端跳一针然后全回针缝缝一针。缝份留0.3cm，裁布，翻到正面缝合开口。把铁丝（26号）的尖端弄弯插入，用卷针缝固定在花苞的背面中央。苞叶做10片，叶子做5片。

2 制作花序。把花序①的布剪成圆形，沿布边0.2cm平针缝。在中心塞入少量填充棉，抽紧线，呈圆形。把花序②的布边一边折叠0.3cm，一边用2根黄色线平针缝，把圆形的花序①放入它的中心抽紧线。用这种方法做6片。1片放在中心，其余5片缝在周围。在中心的主体花用锥子开孔，铁丝（26号）涂上胶水后插入。

3 把5片苞叶的底部缝在一起，呈环形。注意不要重叠，把余下的5片苞叶和叶子缝在一起。在中心用锥子开孔，把有花的铁丝插入。在背面，把余下的苞叶、叶子、有花的铁丝捆成束，用胶带卷在一起。

叶子（深绿色）

把叶子的尖端放在折线处描出纸型，跳一针缝合

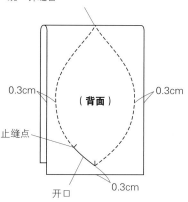

0.3cm　（背面）　0.3cm

止缝点

0.3cm

开口

苞叶（红色）

把苞叶的尖端放在折线处描出纸型，跳一针缝合

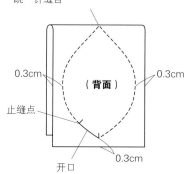

0.3cm　（背面）　0.3cm

止缝点

0.3cm

开口

（背面）

用胶带卷在一起

花序的制作方法 ※为了让大家看得更清楚,图中使用了红色线

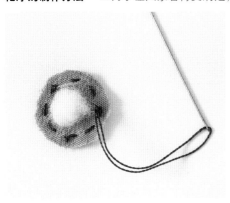

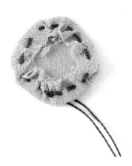

1 把花序①距布边0.2cm处用平针缝缝合。塞入填充棉,抽紧线,使之成为球形。

2 把花序②的布边向内侧折叠0.3cm,用平针缝缝合。

3 放入步骤1的花序,抽紧线。

—— 铁丝

4 用同样方法共做6片,在中心缝1片,周围缝5片,成为半球形。

5 中心的花用锥子开孔,铁丝涂上胶水后插入。

南天竹 ➡ p.46、47　　实物大纸型 p.126

〈材料 树枝1根、果实5个〉

叶子　绉绸（绿色）/9片（3.5cm×12cm）
果实　绉绸（红色）/5片（直径3cm的圆形）
树枝　铁丝（22号）/24cm、（26号）/11cm 3根、18cm 6根（果实用5根,树枝用1根）

编织绳（焦茶色 粗0.2cm）/20cm
编织绳（焦茶色 粗0.1cm）/18cm 5根、5cm 2根
绒球（或者填充棉）/5个（1.5cm）

准备工作:制作纸型。给制作叶子的绉绸贴上黏合衬。

〈制作方法〉

1 制作叶子。把布正面相对对折,描出纸型,开口以外的部分用半回针缝缝合。叶子的尖端跳一针后用全回针缝缝一针。缝份留0.3cm,裁布,翻到正面缝合开口。用这种方法做9片。

2 制作中间的粗树枝。在编织绳中（粗0.2cm）插入铁丝（22号）,留出上部的4cm铁丝,然后用胶水固定。把留出的4cm铁丝插入叶子中,在叶子的背面用卷针缝固定,在位置a用锥子开孔,穿入铁丝后安上另一片叶子,卷针缝后用胶水固定（②）（参照p.95）。

3 制作细树枝。在位置b用锥子开孔,穿入铁丝（26号,18cm）,中央用胶水固定。把5cm的编织绳（粗0.1cm）从两侧穿入铁丝,用胶水固定,用卷针缝缝上叶子。与步骤2一样,缝上余下的2片叶子。把小树枝均匀地朝上弯曲,底部用线缠绕固定（③）（参照p.95）。

4 制作果实。把布缝成圆形,放入绒球抽紧线。在编织绳中（粗0.1cm）穿入铁丝（26号,18cm）,用胶水固定,把果实缝在上端。用这种方法制作5个（参照p.95）。

叶子

把叶子的尖端放在折线处描出纸型,跳一针缝合

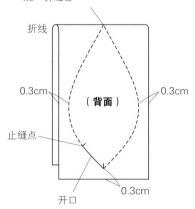

折线
0.3cm
（背面）
0.3cm
止缝点
开口
0.3cm

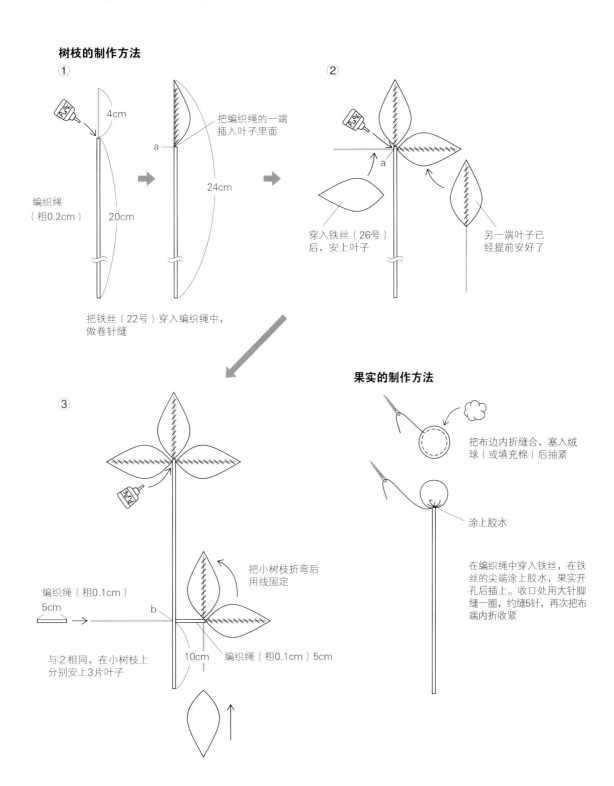

树枝的制作方法

①

编织绳
（粗0.2cm）

4cm

20cm

把铁丝（22号）穿入编织绳中，
做卷针缝

a

24cm

把编织绳的一端
插入叶子里面

②

a

穿入铁丝（26号）
后，安上叶子

另一端叶子已
经提前安好了

③

把小树枝折弯后
用线固定

编织绳（粗0.1cm）
5cm

b

10cm

编织绳（粗0.1cm）5cm

与②相同，在小树枝上
分别安上3片叶子

果实的制作方法

把布边内折缝合，塞入绒
球（或填充棉）后抽紧

涂上胶水

在编织绳中穿入铁丝，在铁
丝的尖端涂上胶水，果实开
孔后插上。收口处用大针脚
缝一圈，约缝5针，再次把布
端内折收紧

水仙 ➡ p.48、49　实物大纸型 p.127　参照p.59 山茶花的制作方法

〈材料〉 1个的量

花瓣　绉绸（白色或者黄色）/6片（4.5cm × 10cm）

花芯　绉绸（黄色或者橘色）/1片（6.5cm×5cm）

花萼　绉绸（绿色）/1片（4cm×4cm）

叶子　绉绸（深绿色）/2片（2.5cm×7cm）

编织绳（黄绿色 粗0.2cm）/25cm

仿真花蕊（白色）/3根

造型带/10cm 6根

填充棉、厚纸片

准备工作:制作纸型。给制作花瓣和叶子的绉绸贴上黏合衬。

〈制作方法〉

1 制作花芯。把布的短边留0.5cm缝份缝合，缝成筒形，劈开缝份，翻到正面。对折，把布边对齐，用2根线缝合后抽紧线。把仿真花蕊对折，用线把底部缠绕打结，然后把它插入花芯的中心，用胶水固定。

2 制作花瓣。把布正面相对对折，描出纸型。把开口以外的部分用半回针缝缝合。花瓣的尖端跳一针，然后用全回针缝缝一针。缝份留0.3cm，开口的缝份留0.5cm，然后裁布。翻到正面，把造型带弯成花瓣的形状放入花瓣中，把端口用胶水固定在花瓣的底部。用这种方法制作6片。把3片内花瓣缝成环形，把花芯放在中心后抽紧线。缝合时，把花瓣中央用大针脚缝合。打结，然后继续缝，把花芯的底部缝在花瓣上。缝外花瓣，注意不要与内花瓣重叠，用回针缝缝在花瓣与花瓣的间隙上（参照图A）。

3 制作花萼。把布裁成比厚纸片（纸型）大一圈的大小，用2根线缝合布边。在中心先后放入少量填充棉、厚纸片，然后稍微用劲儿抽紧线，打结，缝在花瓣的背面。

4 制作叶子。把布正面相对，描出纸型。把开口以外的部分用半回针缝缝合。缝份留0.3cm，裁布。翻到正面，夹入编织绳，缝合开口。用这种方法制作2片，安在编织绳的两端。给编织绳打蝴蝶结，然后缝在花萼的上面（参照图B）。

花芯

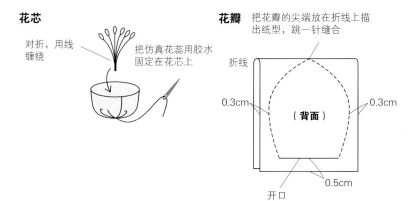

对折，用线缠绕

把仿真花蕊用胶水固定在花芯上

花瓣　把花瓣的尖端放在折线上描出纸型，跳一针缝合

折线

0.3cm　（背面）　0.3cm

开口　0.5cm

［图A］

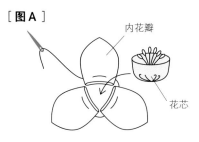

内花瓣

花芯

把花瓣中央用大针脚连接在一起，插入花芯后抽紧线

［图B］

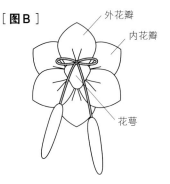

外花瓣

内花瓣

花萼

用编织绳打蝴蝶结，然后缝在花萼的上面（背面）

吊饰的组合方法、装饰方法

在这里介绍一下绉绸细工主题花的组合方法、装饰方法。

组合方法、装饰方法有很多，可以把它缝在组合绳上，也可以悬挂在装饰台上。

花的数量、根数，建议使用奇数，据说"奇数"寓意吉祥。

※ 请结合主题花的组合方法（p.57）一起阅读

樱花和万字结吊饰 ➡ p.7

〈**材料**〉

樱花主题花/5朵

编织绳（淡蓝色 粗1cm）/1根（140cm）

〈**制作方法**〉

1. 制作装饰绳。给编织绳打万字结（参照p.58）。
2. 在花萼（背面）入针，把主题花①、③、④摆放在右侧的编织绳上，把主题花②和⑤摆放在左侧的编织绳上，然后分别把它们缝在指定的位置上。缝主题花③和⑤时，要穿过2根编织绳，为的是不让2根绳散开。

（**背面**）

在左、右两边的编织绳上缝上花萼

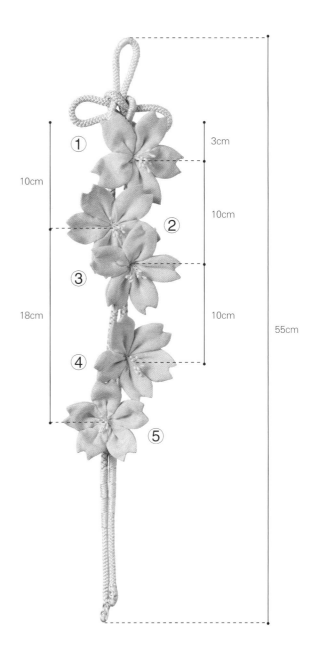

① 10cm

3cm

② 10cm

③ 10cm

18cm

④

⑤

55cm

四照花吊饰 ➡ p.9

〈**材料**〉

四照花主题花/10朵（白色4朵、粉色晕染6朵）

木珠（R6-3）/米色6颗、红色1颗

编织绳（黄绿色 粗0.1cm）/3根（45cm、40cm、35cm）

编织绳（红色 粗0.2cm）/1根（50cm）

吊棒（粗1.5cm、长36cm）/1根

〈**制作方法**〉

1. 给黄绿色的编织绳边端打结，然后穿在粗针上。在最下方的主题花花萼（背面）下方入针，在花瓣和花瓣的缝合线迹上出针。余下的主题花在指定的位置上穿2次线后缝上木珠，然后在花萼的里面过针。

2. 用编织绳缝好主题花后，分别把编织绳的上端穿入吊棒的洞口，再从最上方的主题花的花萼上方穿针，在花萼下方打结，吊起来。

3. 用红色编织绳穿过吊棒的洞口把作品吊起来，在正面右侧的打结处缝上1朵主题花。

〈**背面**〉

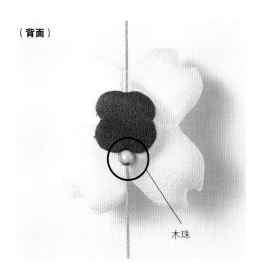

木珠

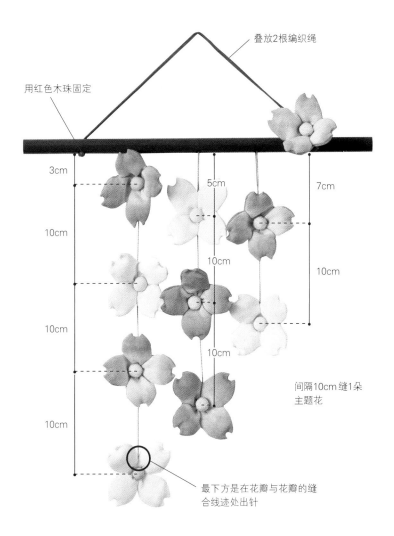

叠放2根编织绳

用红色木珠固定

3cm

5cm

7cm

10cm

10cm

10cm

10cm

10cm

10cm

间隔10cm缝1朵主题花

最下方是在花瓣与花瓣的缝合线迹处出针

紫藤和金钱结的环形吊饰 ➡ p.10

〈材料〉

紫藤主题花（花3枝、枝3根、蔓2根）/3组

白色布 / 5cm×200cm（花环用160cm、轴用40cm）

斜纹布（黄绿色 0.5cm×20cm）6根

吊环（直径25cm 宽2cm）/1个

编织绳（紫色、白色、桃色、黄色、绿色 粗0.5cm）/5根（各200cm）

编织绳（白色 粗0.2cm）/1根（50cm）

铁丝（18号）3根（各36cm）

铁丝（24号）5根（各72cm）

〈制作方法〉

1. 把白色布的两端向内对折，折成2.5cm的宽度，然后用熨斗定型。

2. 给斜纹布涂上胶水，一边卷入铁丝（18号），一边卷入花3枝、枝3根、蔓2根。用这种方法做3组。

3. 在缠绕轴的白色布上涂上胶水，用它把3组步骤2的底部缠成一束。在缠绕吊环的白色布上涂上胶水，斜着缠绕，把缠成一束的花缠入左侧，然后把布的边端用胶水固定在背面。

4. 制作装饰绳。在5种颜色的编织绳（粗0.5cm）中心穿入铁丝（24号），打金钱结（参照p.58）。先用紫色绳打结，按照白色、桃色、黄色、绿色的顺序依次把其他的编织绳添加在紫色绳旁边，并穿过它。把5根绳系在一起，整理好形状后把编织绳边端剪整齐。

5. 把白色的编织绳（粗0.2cm）弄成环形后，系在环上，缝在步骤4的装饰绳背面。

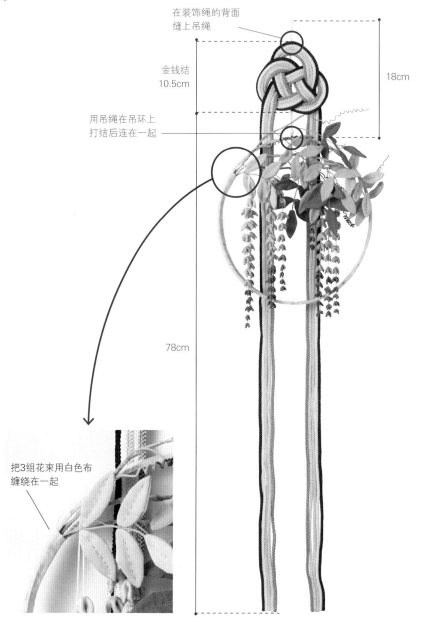

在装饰绳的背面缝上吊绳

金钱结 10.5cm

18cm

用吊绳在吊环上打结后连在一起

78cm

把3组花束用白色布缠绕在一起

牡丹花吊饰 ➡ p.13

〈**材料**〉

牡丹主题花 / 3朵（不同颜色）

带流苏的编织绳（绿色 粗1cm）/1根（180cm）

〈**制作方法**〉

1. 把编织绳对折，在距离对折位置17cm处把2
根编织绳固定缝在一起，缝1朵牡丹花。在它
下方，每间隔12cm缝1朵牡丹花，共缝合两
处。

2. 在主题花花萼（背面）处穿针，把主题花缝在
编织绳的位置上。

（**背面**）

缝在编织绳上

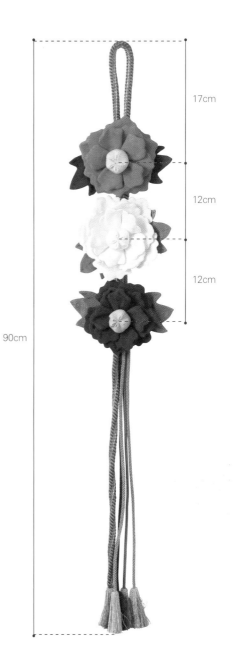

17cm

12cm

12cm

90cm

绣球花吊饰 ➡ p.15

〈**材料**〉 1个的量
绣球主题花/1朵
苯乙烯水滴球 (蔷薇芯2.8cm) /1个
编织绳 (白色 粗0.1cm) /1根 (50cm)
绉绸 (紫色8cm×5cm) /1片
绑花 (4cm×4cm) /10朵 (多种颜色)
(绑花的制作方法→ 参照p.72)

〈**制作方法**〉
1. 在紫色绉绸上涂上胶水,然后贴在苯乙烯水滴球上,把苯乙烯水滴球包住,把多余的布剪掉,整理好形状。
2. 把编织绳穿在粗针上,在绳的端口打结,按照以下顺序穿针:苯乙烯水滴球、7朵绑花、绣球主题花。把绑花均衡地用胶水固定,在主题花下方打结。
3. 把编织绳的端口打成1个环形,在打结处固定缝上3朵绑花。
※ 另外2根用同样的方法制作,然后吊起来。

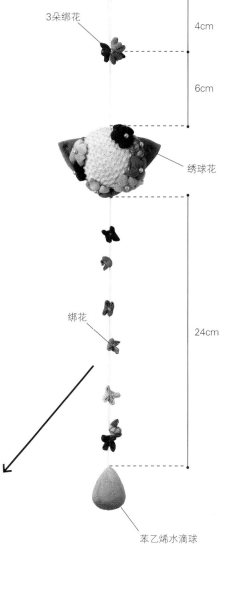

3朵绑花

4cm

6cm

绣球花

绑花

24cm

苯乙烯水滴球

（主题花背面）

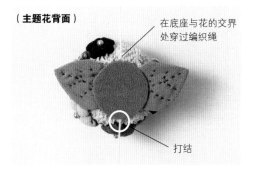

在底座与花的交界处穿过编织绳

打结

（背面）

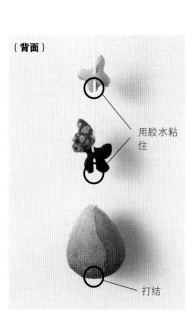

用胶水粘住

打结

百合花环 ➡ p.18

〈材料〉

百合主题花/7朵（白色4朵、粉色2朵、花纹1朵）
编织绳A（粉色 粗1.0cm）/ 1根（140cm）
编织绳B（白色 粗0.5cm）/1根（60cm）

〈制作方法〉

1. 把编织绳A对折，确定中点。在中点缝上主题花的花萼（背面）。用同样方法间隔8cm，把其余的主题花缝上。

2. 把编织绳B缝在步骤1固定好的主题花花萼上方，间隔7cm。

3. 把编织绳B的绳端，缠绕在主题花端口的底部后做卷针缝。

把余下的编织绳B缠绕在花的底部做卷针缝

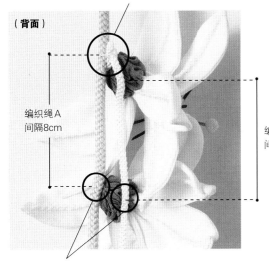

（背面）

编织绳A
间隔8cm

编织绳B
间隔7cm

在花萼的中心和上部缝上不同颜色的编织绳

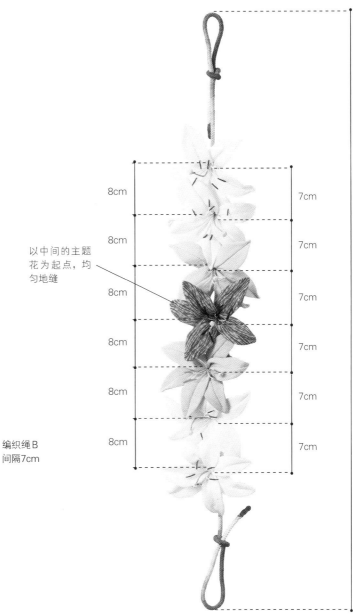

以中间的主题花为起点，均匀地缝

8cm
8cm
8cm
8cm
8cm
8cm

7cm
7cm
7cm
7cm
7cm
7cm

90cm
（不打结时
140cm）

铁线莲饰物 ➡ p.20

〈材料〉

铁线莲主题花／5朵（多种颜色）
饰架

〈制作方法〉

把5朵主题花的花萼（背面），用卷针缝（参照
p.56）缝在饰架的指定位置上。

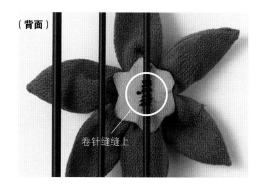

（背面）

卷针缝缝上

1.5cm

缝在右数第2个框子
的拐角处

12cm

3cm

38cm

10cm

1.5cm

4cm

缝在左端框子的拐角处

牵牛花饰物 ➡ p.23

〈**材料**〉
牵牛花主题花/5朵
饰架

〈**制作方法**〉
把5朵主题花的花萼（背面），用卷针缝（参照
p.56）缝在饰架的指定位置上。

〈**背面**〉

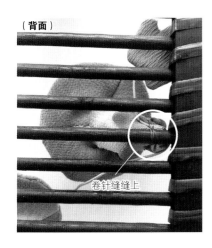

卷针缝缝上

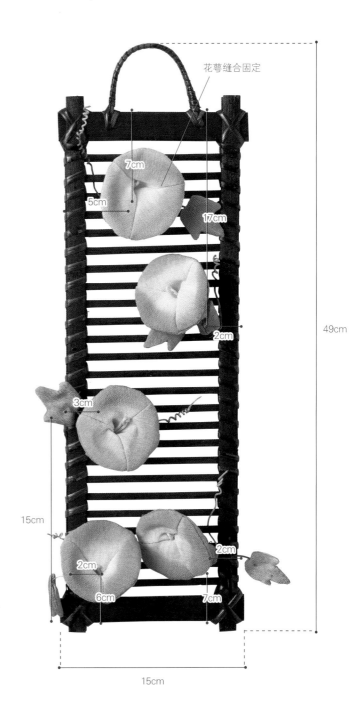

花萼缝合固定

7cm

5cm

17cm

2cm

3cm

15cm

2cm

2cm

6cm

7cm

49cm

15cm

扶桑花和木槿吊饰 ➡ p.25

〈材料〉

木槿主题花/11朵（3种颜色）

扶桑主题花/7朵（2种颜色）

编织绳（红色 粗0.1cm）/6根（中心位置的吊饰用25cm 1根、55cm 5根，共300cm）

木珠（R6-3）/红色10颗

5根木制吊具

〈制作方法〉

1. 制作中心位置的吊饰。把3朵主题花的花萼（背面）用线缝成环形。把25cm的编织绳打环形结，在环形结上缝上主题花，然后悬挂在吊具上。

2. 制作余下的5根吊饰。在编织绳的端口打结，穿上粗针，按照从下往上的顺序依次间隔13cm穿入主题花。缝合时，最下方是从花萼下面入针再从花瓣上端出针，上方的主题花要缝上木珠，木珠要穿2次线，再在花萼处上下穿针。

3. 把步骤2的吊饰穿入吊具的洞口，在10cm的位置打一个结，然后从上方主题花花萼的上面过针，在下面固定。余下4根用同样方法悬挂。

中心的吊饰

把花萼用线缝在一起

饰物（正面）

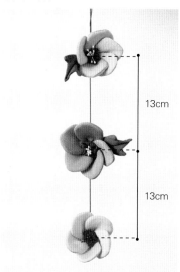

13cm

13cm

饰物（背面）

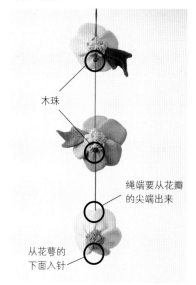

木珠

绳端要从花瓣的尖端出来

从花萼的下面入针

38cm

莲花饰物 ➡ p.28

〈**材料**〉
莲花主题花/花2朵、花苞1个、叶子2片
金属吊台（高50cm）
吊篮
竹帘（43.5cm×30cm）

〈**制作方法**〉
垫上竹帘，均衡地摆上1朵花、1个花苞、2片叶
子。另一朵花放在吊篮里悬挂起来。

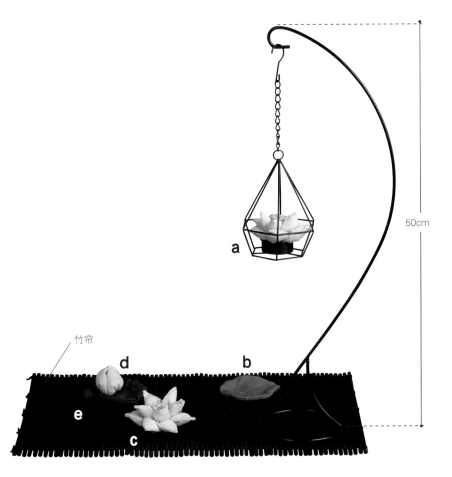

大菊和万字结饰物 ➡ p.34

〈**材料**〉

大菊主题花/2朵

编织绳（橙色 粗1cm）/ 1根（140cm）

〈**制作方法**〉

1. 制作装饰绳。把编织绳打万字结（参照 p.58）。

2. 把主题花的花萼（背面）缝在编织绳的指定位置上。缝合时，为防止编织绳裂开，要把2根绳缝在一起。

（**背面**）

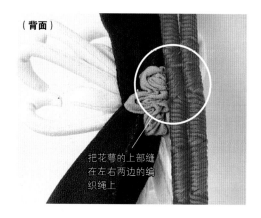

把花萼的上部缝在左右两边的编织绳上

18cm

9cm

50cm

秋季花草篮 → p.38

〈材料〉

各种主题花／芒草3根、菊花2朵、桔梗3朵、瞿麦
3朵

带流苏的编织绳（黄绿色 粗0.5cm）/1根（120cm）

圆形篮

〈制作方法〉

1. 把各主题花摆放在篮子的指定位置上，然后
   把它们缝在篮子的背面。

2. 在编织绳流苏附近打万字结，在上方留出
   4cm用于悬挂的环，把它缝在篮子的背面。

（背面）

在篮子的背面缝
上编织绳

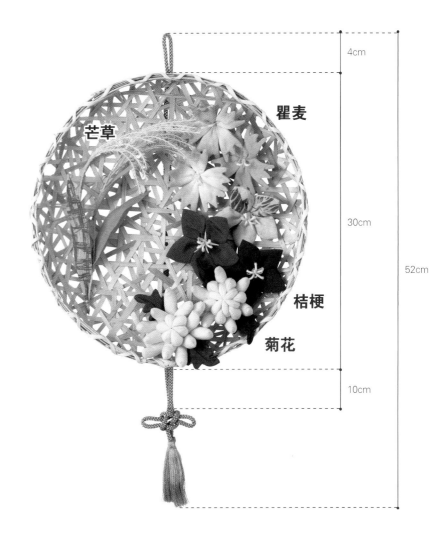

芒草

瞿麦

桔梗

菊花

4cm

30cm

52cm

10cm

混色山茶花吊饰 ➡️p.41

〈材料〉
山茶花主题花/3朵
带流苏的编织绳（黄绿色 粗1cm）/1根
（160cm）

〈制作方法〉
1. 把编织绳对折,在距离中心14cm处把 2 根编织绳缝合固定,呈环形。
2. 把主题花的花萼（背面）缝在编织绳的指定位置上。缝合时,为防止编织绳裂开,要把2根绳缝在一起。

（背面）

—— 在花萼中心缝合

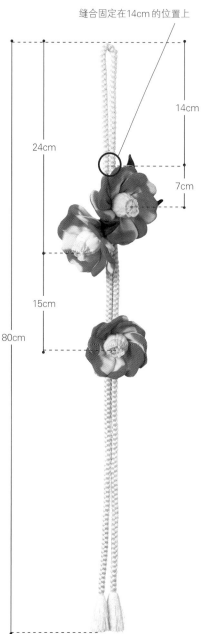

缝合固定在14cm的位置上

24cm

14cm

7cm

15cm

80cm

山茶花花球 ➡️p.42

〈材料〉
山茶花主题花/12朵（红色或者白色）
※用于制作花球的主题花不需要做花萼
泡沫球（直径5cm）/1个
编织绳（红色或者白色 粗1cm）/1根（140cm）
人造丝线（红色或者白色）/2束
填充棉
棉线、金线

〈制作方法〉
1. 制作花球的花芯。把泡沫球用厚度约2cm的填充棉包住,然后用棉线缠绕直至看不到填充棉,整理好形状后直径为7cm。缠绕的时候,红色花用红色线,白色花用白色线。
2. 在编织线的中心打万字结（参照p.58）,在万字结下方3cm处把2根线缝住,把余下的绳劈开放入步骤1的花球芯,把编织绳缝在球面上。
3. 把编织绳从左右两侧在球的下方汇合成束,在球的下面和下方9cm处固定缝住,剪去余下的编织绳。
4. 在步骤1的花球上均衡地缝上12朵主题花。
5. 把花球倒过来,把编织绳剪开的一端和人造丝线的一端对齐,在下方2cm处用线绑住。然后制作流苏头,再把花球放正,使万字结处于上方,把人造丝线一根一根理好,用金线绑住。把人造丝线的流苏剪整齐。

（背面）

把编织绳缝在球面上

用与花颜色相同的线,做卷针缝

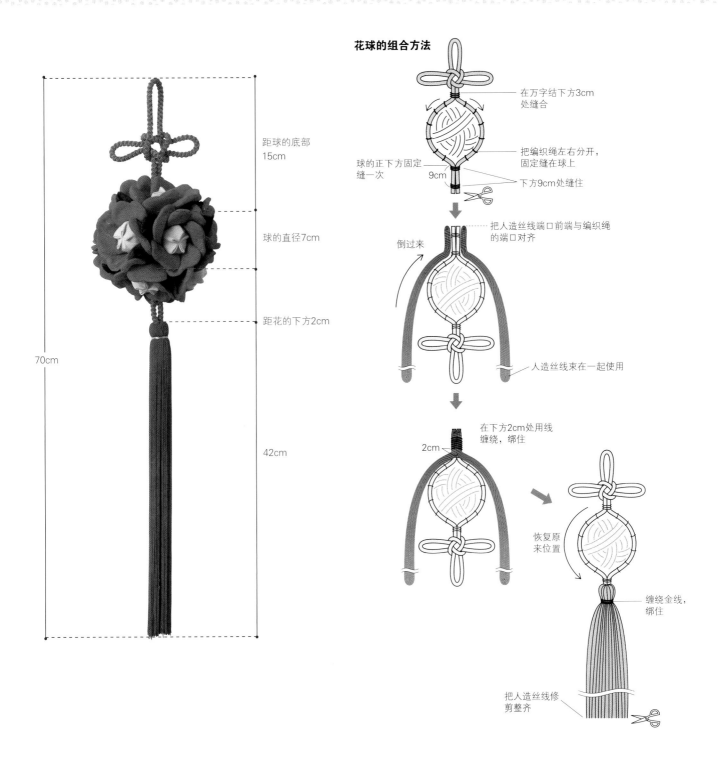

花球的组合方法

在万字结下方3cm处缝合

把编织绳左右分开,固定缝在球上

球的正下方固定缝一次

9cm

下方9cm处缝住

倒过来

把人造丝线端口前端与编织绳的端口对齐

人造丝线束在一起使用

2cm

在下方2cm处用线缠绕,绑住

恢复原来位置

缠绕金线,绑住

把人造丝线修剪整齐

距球的底部15cm

球的直径7cm

距花的下方2cm

70cm

42cm

一品红花环 ➡ p.45

62cm

〈**材料**〉

一品红主题花/5朵或者6朵
用蔓做成的花环（直径21cm）/1个
编织绳（褐色 粗0.1cm）/1根（20cm）
带流苏的绳子（混合色 粗1cm）/1根（130cm）
※ 作者私人物品

〈**制作方法**〉

1. 把编织绳打成环形，穿过花环，使之成为吊绳。

2. 把主题花的轴缠绕在花环上，如果做了5朵主题花，就只安上5朵。款式简洁的花环做到这步就完成了。

※6朵主题花款式需要继续完成以下步骤

3. 把带流苏的绳子对折，在距离中心12cm的位置打一个结。在打结处插入第6朵主题花的轴，这根绳子也是花环的吊绳。

4. 整理6朵主题花的形状，使主题花遮挡住花环。

把带流苏的绳子挂在编织绳上

6朵主题花款式
（背面）

把轴缠绕在花环上

12cm

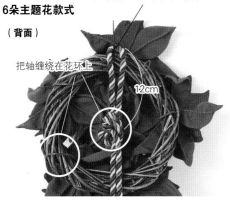

简洁款式
（背面）

南天竹系绳吊饰 ➡ p.47

〈材料〉

南天竹主题花/果实15个、枝3根

绉绸（红色）/1片（12cm×10cm）

拧绳（金色 粗0.6cm）/1根（20cm）

金银水引线/1根（60cm）

系挂装饰绳/1根（长50cm）

〈制作方法〉

1. 把树枝和果实摆在一起,用线绑住。

2. 制作带子。把绉绸正面相对横向对折,沿缝份（0.5cm）线缝合,把缝线放在中心位置熨平,劈开缝份,翻到正面。

3. 在系挂装饰绳上叠放步骤**1**的树枝和果实,用步骤**2**的带子缠绕固定,然后在背面把步骤**2**的布边缝合,用拧绳缠绕固定。

4. 把水引线打金钱结,穿过拧绳后,在环饰主体的背面打一个结。

50cm

（裏）

在背面缝合

水仙吊饰 ➡ p.49

〈材料〉

水仙主题花/7朵（白色4朵、黄色3朵）

编织绳（焦茶色 粗0.1cm）/3根（各50cm 共150cm）

木珠（R6-3）/褐色 4颗

衣架形吊台（45cm×50cm×6cm）

绑花/2朵

（绑花的制作方法参照p.72）

〈制作方法〉

1. 在编织绳的端口打结，穿入粗针，穿过主题花的花萼（背面）。在最下方主题花的花萼下方入针，在花瓣背面的中心出针。把余下的主题花穿上，再穿上木珠，针同样随线穿入。制作1根有3朵主题花的吊饰、2根有2朵主题花和最上方有绑花的吊饰。

2. 在最上方主题花的后面把编织绳打成环形（缝绑花时，是在主题花上入针、回针时缝上它，在主题花的正下方打结），分别吊在吊台上。

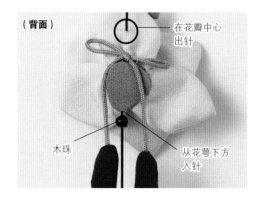

（背面）

在花瓣中心出针

木珠

从花萼下方入针

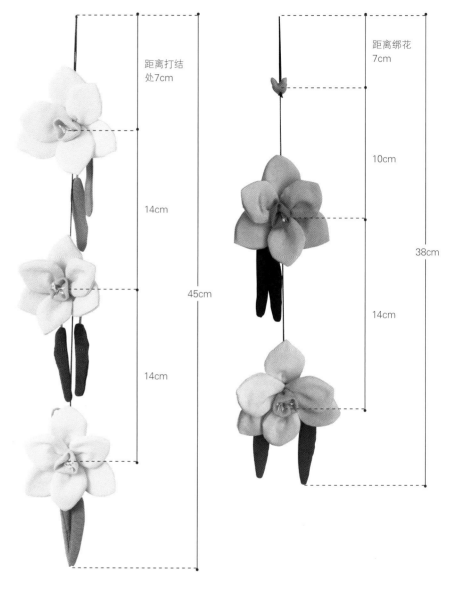

距离打结处7cm

14cm

14cm

45cm

距离绑花7cm

10cm

14cm

38cm

主题花的实物大纸型

【取纸型时的注意要点】

1. 布纹

纸型上标注的箭头（↕）表示的是绉绸的织布朝向（布纹）。绉绸的伸缩性很好，所以裁布时横竖布纹对齐就可以了。

2. 裁布

纸型标有"直接裁开""厚纸片"时，布和厚纸片就按照纸型的大小剪开。不需要加缝份。

3. 片数

标有"直接裁开""厚纸片"的纸型需要使用1片布，其他的纸型需要用里布、外布对齐后使用，所以需要2片布。

4. 缝份

纸型是完成后的大小。裁布时，要按照制作方法页面上标注的那样，加上缝份后再裁布。

※0.3cm 或者0.5cm

※纸型上标注的片数，没有注释时都是制作1朵主题花需要的片数。虚线图案是刺绣花纹

〈裁好布之后缝合时〉

"直接裁开"时，按照纸型把布裁开就可以了。需要缝份时，在纸型的上下左右都要加缝份，然后裁布，再缝合。

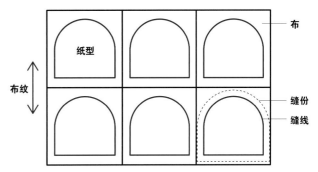

例如：从1片布上裁出6片布块，即3片花瓣时

〈把布对折，先缝合时〉

花瓣、叶子等部分的制作，需要把2片布对齐缝合，这时要把布对折，画纸型，先缝合，然后加上缝份，再裁布。

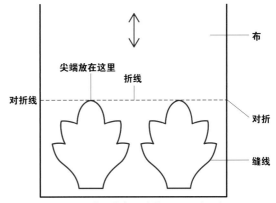

例如：从1片布上裁出4片布块，即2片叶子时

樱花 作品 / p.6、7 制作方法 p.65~68

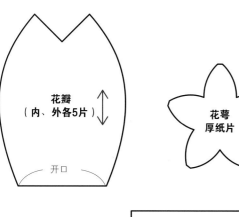

花瓣
（内、外各5片）

开口

花萼
厚纸片

花萼
直接裁开

四照花 作品 / p.8、9 制作方法 p.76

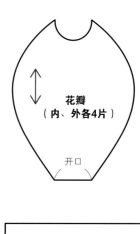

花瓣
（内、外各4片）

开口

花萼
厚纸片

花芯
（1片）
直接裁开

花萼
（1片）
直接裁开

瞿麦 作品 / p.37 制作方法 p.86

花瓣
（内、外各5片）

开口

花萼
厚纸片

花萼
（1片）
直接裁开

紫藤 作品 / p.10、11 制作方法 p.72 ~ 74

※1根树枝、12朵花

叶子
（内、外各
5片）

开口

花瓣
（3片）
直接裁开

花瓣
（2片）
直接裁开

花瓣
（2片）
直接裁开

花瓣
（2片）
直接裁开

花瓣
（2片）
直接裁开

花瓣
（1片）
直接裁开

铁线莲 作品 / p.20、21 制作方法 p.81

花瓣
（内、外各6片
或者8片）

开口

8片花瓣用
花萼
厚纸片

6片花瓣用
花萼
厚纸片

花芯
厚纸片

花芯①
（1片）
直接裁开

花芯②
（1片）
直接裁开

117

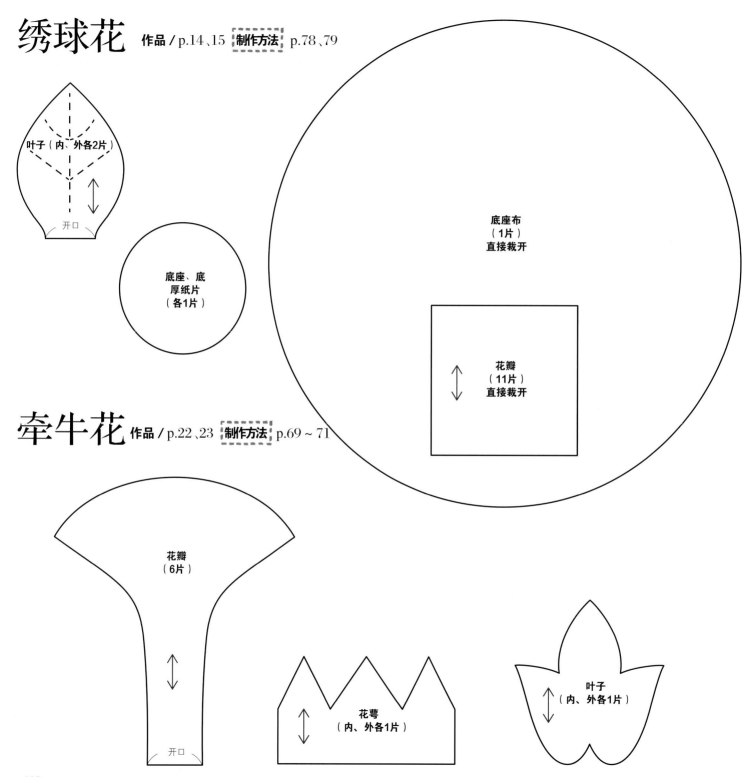

绣球花 作品／p.14、15 制作方法 p.78、79

叶子（内、外各2片）

开口

底座、底
厚纸片
（各1片）

底座布
（1片）
直接裁开

花瓣
（11片）
直接裁开

牵牛花 作品／p.22、23 制作方法 p.69～71

花瓣
（6片）

开口

花萼
（内、外各1片）

叶子
（内、外各1片）

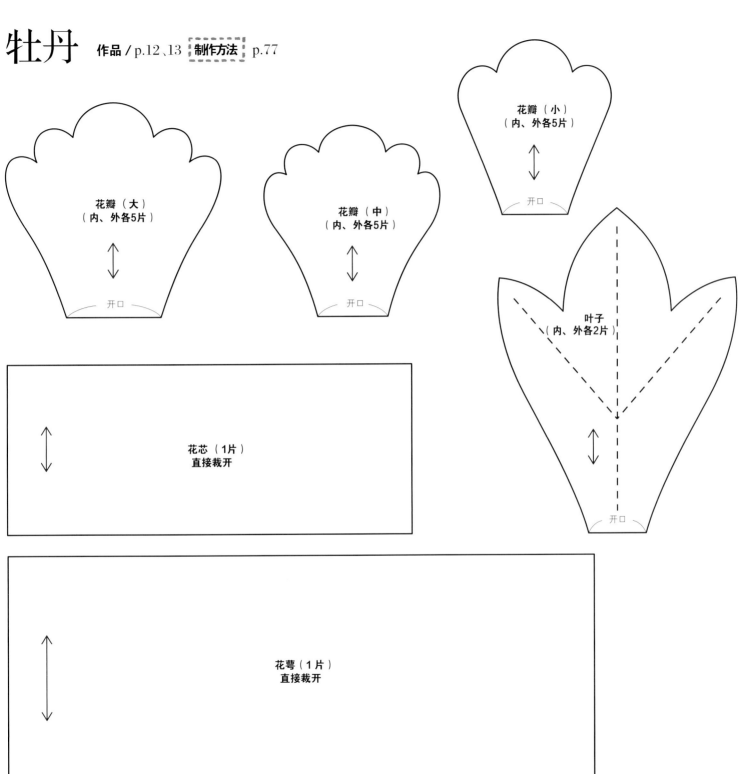

牡丹

作品 / p.12、13　制作方法 p.77

花瓣（大）
（内、外各5片）
开口

花瓣（中）
（内、外各5片）
开口

花瓣（小）
（内、外各5片）
开口

花芯（1片）
直接裁开

叶子
（内、外各2片）
开口

花萼（1片）
直接裁开

百合 作品 / p.16~19 制作方法 p.80

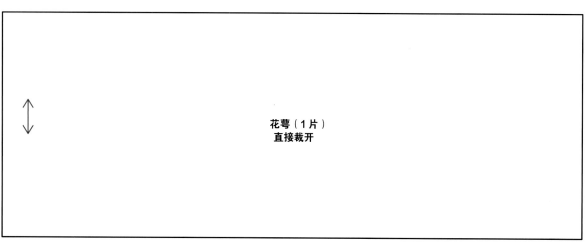

花萼（1片）
直接裁开

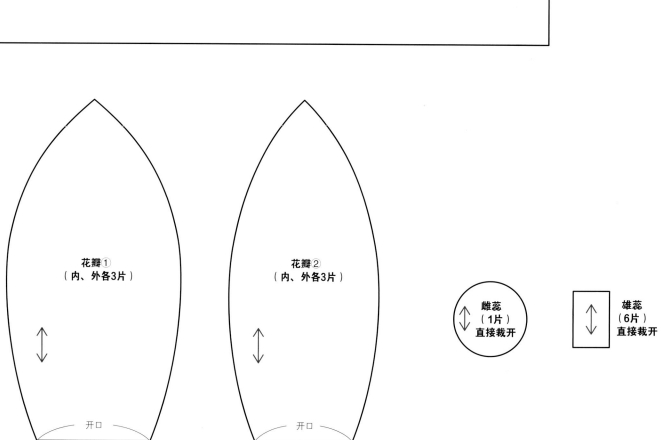

花瓣①
（内、外各3片）

花瓣②
（内、外各3片）

开口

开口

雌蕊
（1片）
直接裁开

雄蕊
（6片）
直接裁开

木槿、扶桑花 作品 / p.24～27 制作方法 p.82、83

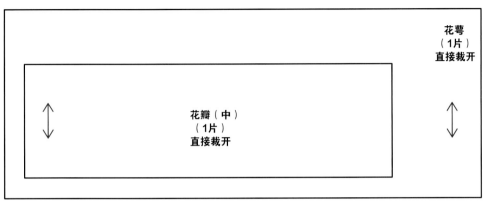

花瓣（中）
（1片）
直接裁开

花萼
（1片）
直接裁开

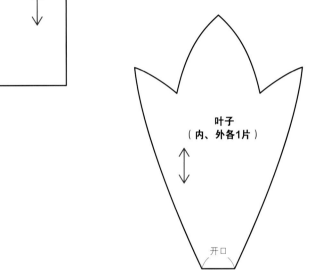

花瓣（大）
（内、外各5片）

开口

叶子
（内、外各1片）

开口

桔梗 作品 / p.33 制作方法 p.88

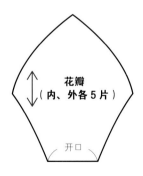

花瓣
（内、外各5片）

开口

花蕊（2片）
直接裁开

花萼
（1片）
直接裁开

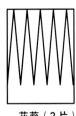

花萼
厚纸片

莲花 作品 / p.28、29 制作方法 p.84、85

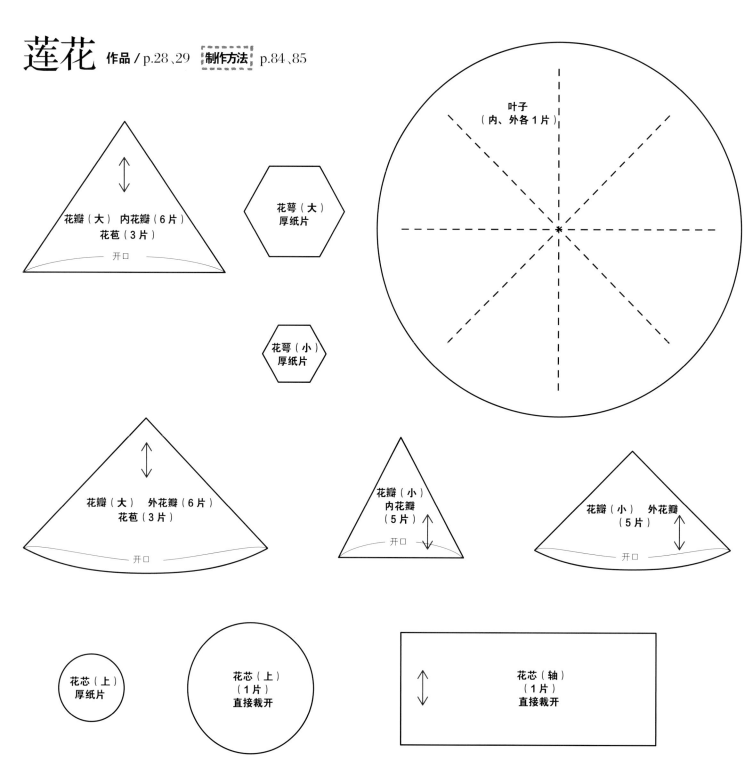

花瓣（大） 内花瓣（6片）
花苞（3片）
开口

花萼（大）
厚纸片

叶子
（内、外各1片）

花萼（小）
厚纸片

花瓣（大） 外花瓣（6片）
花苞（3片）
开口

花瓣（小）
内花瓣
（5片）
开口

花瓣（小） 外花瓣
（5片）
开口

花芯（上）
厚纸片

花芯（上）
（1片）
直接裁开

花芯（轴）
（1片）
直接裁开

山茶花　作品 / p.40～43　制作方法　p.59～64

红色、白色
花芯A（1片）
直接裁开

红色、白色、混色
花萼（1片）
直接裁开

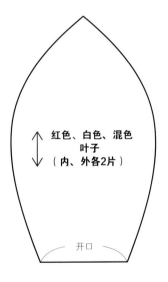

红色、白色、混色
叶子
（内、外各2片）

开口

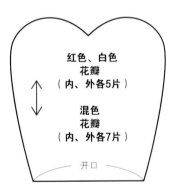

红色、白色
花瓣
（内、外各5片）

混色
花瓣
（内、外各7片）

开口

混色
花芯B（黄色、白色各1片）
直接裁开

菊花 作品 / p.36 制作方法 p.89

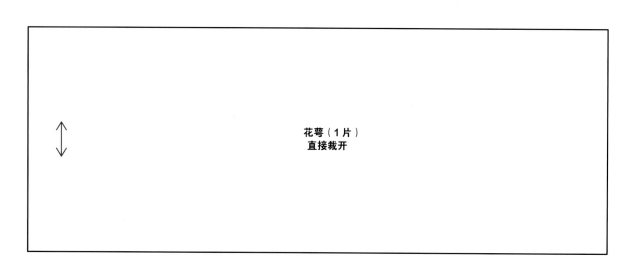

花萼（1片）
直接裁开

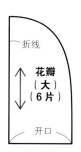

折线
花瓣
（大）
（6片）
开口

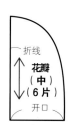

折线
花瓣
（中）
（6片）
开口

折线
花瓣
（小）
（6片）
开口

花芯
（3片）
开口

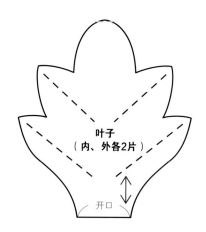

叶子
（内、外各2片）
开口

大菊 作品／p.34、35 制作方法 p.90、91

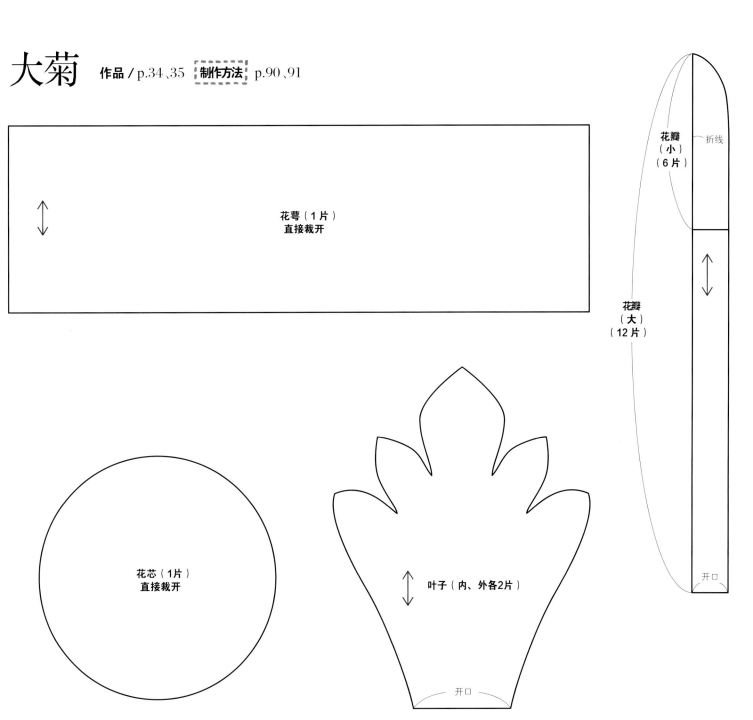

花萼（1片）
直接裁开

花瓣（小）（6片）

折线

花瓣（大）（12片）

开口

花芯（1片）
直接裁开

叶子（内、外各2片）

开口

南天竹 作品 / p.46、47 [制作方法] p.94、95

※1根树枝、5个果实

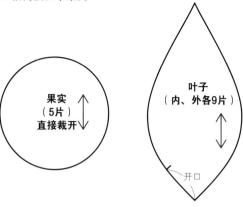

果实
（5片）
直接裁开

叶子
（内、外各9片）

开口

芒草 作品 / p.32 [制作方法] p.87

※2根

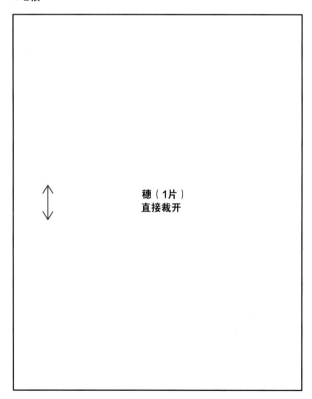

穗（1片）
直接裁开

叶子（大）
（2片）
直接裁开

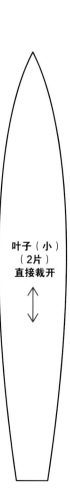

叶子（小）
（2片）
直接裁开

一品红

作品 / p.44、45　制作方法　p.92、93

花序① （6片） 直接裁开

花序② （6片） 直接裁开

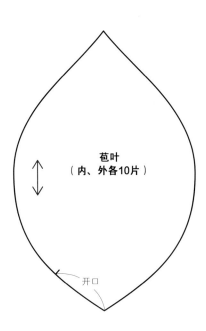

苞叶 （内、外各10片）

开口

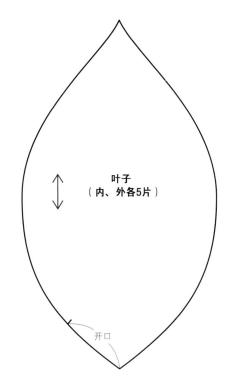

叶子 （内、外各5片）

开口

水仙

作品 / p.48、49　制作方法　p.96

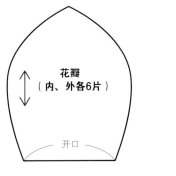

花瓣 （内、外各6片）

开口

花萼 厚纸片

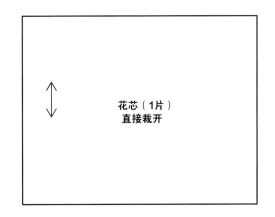

花芯（1片） 直接裁开

叶子 （内、外各2片）

绳子　开口

HANA NO CHIRIMEN ZAIKU TO TSURUSHI KAZARI by Kazumi Yajima

Copyright © 2021 Kazumi Yajima

ALL RIGHTS RESERVED.

Original Japanese edition published by NIHONBUNGEISHA Co., Ltd.

This Simplified Chinese language edition published by arrangement with NIHONBUNGEISHA Co., Ltd., Tokyo in care of Tuttle-Mori Agency, Inc., Tokyo through Inbooker Cultural Development (Beijing) Co., Ltd.

备案号：豫著许可备字－2021–A–0092

图书在版编目（CIP）数据

装点爱家的四季手工布花制作／（日）矢岛佳津美著；罗蓓译 .— 郑州：河南科学技术出版社，2023.6

ISBN 978-7-5725-1188-2

Ⅰ . ①装…　Ⅱ . ①矢…　②罗…　Ⅲ . ①布料－手工艺品－制作

Ⅳ . ① TS973.51

中国国家版本馆 CIP 数据核字（2023）第 085006 号

出版发行：河南科学技术出版社

地址：郑州市郑东新区祥盛街27号　　邮编：450016

电话：（0371）65737028　65788613

网址：www.hnstp.cn

责任编辑：刘　欣　刘　瑞

责任校对：王晓红

封面设计：张　伟

责任印制：张艳芳

印　　刷：北京盛通印刷股份有限公司

经　　销：全国新华书店

开　　本：889 mm×1 194 mm　1/20　印张：6.5　字数：180千字

版　　次：2023年6月第1版　　2023年6月第1次印刷

定　　价：59.00 元

矢岛佳津美

主办名为"和工坊神乐"的工作室，是镰仓神乐的店主。她受出生于明治时期的祖母的影响接触到绉绸细工，从30岁开始就收集绉绸古布、制作作品。1995年她在作品登上杂志后，开始创办绉绸细工教室。之后，她创作的作品"遇见伊豆稻取的吊饰"，在第1次"雏之吊饰"节比赛中获"创意奖"，在第7次该比赛中获金奖。现在在新宿、横滨的朝日文化、读卖文化自由之丘教室等10个地方教授吊饰和绉绸细工。有多部图书出版。